U0343247

斯坦福大学

最受推崇的

崔智东 郭志亮◎主编

财商开发课

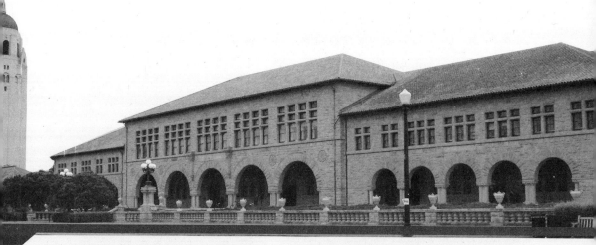

左手掌握财商法则，右手揭晓财富密码！

送给未来30年精英的财商致富课

台海出版社

图书在版编目(CIP)数据

斯坦福大学最受推崇的财商开发课 / 崔智东,郭志亮主编.
--北京:台海出版社,2013.9

ISBN 978-7-5168-0260-1

Ⅰ.①斯… Ⅱ.①崔… ②郭… Ⅲ.①财务管理-通
俗读物 Ⅳ.①TS976.15-49

中国版本图书馆 CIP 数据核字(2013)第 192054号

斯坦福大学最受推崇的财商开发课

主　　编:崔智东　郭志亮

责任编辑:王　萍

装帧设计:天下书装　　　　　版式设计:通联图文

责任校对:蒋晓婷　　　　　　责任印制:蔡　旭

出版发行:台海出版社

地　址:北京市朝阳区劲松南路 1 号,　邮政编码:100021

电　话:010-64041652(发行,邮购)

传　真:010-84045799(总编室)

网　址:www.taimeng.org.cn/thcbs/default.htm

E-mail:thcbs@126.com

经　销:全国各地新华书店

印　刷:北京柯蓝博泰印务有限公司

本书如有破损、缺页、装订错误,请与本社联系调换

开　本:710×1000　　　　1/16

字　数:188 千字　　　　　印　张:16

版　次:2013 年 10 月第 1 版　　印　次:2013 年 10 月第 1 次印刷

书　号:ISBN 978-7-5168-0260-1

定　价:35.00 元

版权所有　翻印必究

序

哈佛、斯坦福等等世界名校,或被喻为"总经理摇篮",培养了微软、IBM等一个个商业神话的缔造者。

它们,或是全球造就亿万富翁最多的大学。

它们,在商业实践、企业管理、人才培养、财商等方面都有着一套独特的方法……

考入这些蜚声海外的名校,亲自去学习这些方法,是无数渴望成功的人和正在成功的路上跋涉的人梦寐以求的事情;然而,能真正走进这些名校的人毕竟是极少数,大多数人难以如愿以偿。

为了帮助渴望在企业管理方面有所成就、在财富创造上有所作为的读者也一样能聆听到它们的精彩课程,能走入它们的历史和文化,能从中学到这些百年名校的成功智慧,特此策划编写了这套丛书。

斯坦福大学被公认为世界上最杰出的大学之一,位于加利福尼亚州的帕洛·阿尔托市,与旧金山相邻,占地35平方公里,是美国面积第二大的大学,与哈佛大学并列为美国东西两岸的学术重镇。1891年由利兰·斯坦福创立,斯坦福先生因经营太平洋铁路而积累了万贯家财,但其独生子却因身患伤寒而去世,于是他便捐出家产,在加州创立了这所足以与东部常春藤名校相抗衡的大学。

相比美国东部的常春藤盟校,特别是哈佛大学、耶鲁大学,斯坦福大学虽然历史较短,但无论是学术水准还是其他方面都能与常春藤名校相抗衡,例如,根据美国《福布斯》杂志2010年的盘点,美国培养亿万富翁最多的大学中,斯坦福大学名列第二,亿万富翁数量达到28位,仅次于哈佛大学。

斯坦福大学的财富思想,可以对读者的财商进行教育、训练、提高,让其财商思维与斯坦福大学的财富理念同步,从中吸取以下财商智慧:学会富人的思维方式、理财模式和赚钱方式;掌握提高财商的基本方法;迅速提升商机洞察力、综合理财力;懂得如何运用金钱等等。

实践证明,只有具备了较高的财商,才能在今后的事业中游刃有余,机会自然也就接踵而来,对财富的渴望就有可能变成现实。

目 录
CONTENTS

根据美国《福布斯》杂志2010年的盘点,美国培养亿万富翁最多的大学中,斯坦福大学名列第二,亿万富翁数量达到28位,仅次于哈佛大学。

任何财富价值,都是靠时间堆积出来的。任何一个有成就的人,都善于运用自己的时间,包括一年、一天和当下的时间,也包括提高自己每一天、每一个小时、每一秒的时间效率,他们甚至还善于运用他人的时间,善于通过提高他人的时间价值为自己创造财富。

——摘自斯坦福大学公开课

商学院的毕业生应该从商学院的教育中至少受益20年。也就是说,他们不仅应该了解他们在毕业后会面临什么样的商业世界,也应该有足够的才智来应付20年以后经过了变化的商业世界。"

——摘自斯坦福大学公开课

一个人失败的原因,90%是因为这个人的周边亲友、伙伴、同事、熟人大都是失败和消极的人。如果你习惯选择比自己低级的人交往,那么他们将在不知不觉中拖你下水,并使你的远大抱负日益萎缩。

——来自斯坦福大学的调查

永远不要想着天上掉馅饼,理财不是为了发财,理财是为了做到未雨绸缪,让你的财务状况更平稳,理财和发财不是一回事,理财的目标是保持"财务平稳"。我们对理财有个明确的说法或是口号:"不是让你更富有,而是让你永远富有下去。"

——斯坦福大学的理财名言

3

　　我每晚都能安眠,因为我知道我是有野心的,却是诚实的;我很固执己见,却是小心谨慎;我很严厉,但我也是公平的。回报别人不仅是我们的责任,也是我们的特权和荣幸。

——摘自斯坦福大学的富豪名言

根据美国《福布斯》杂志2010年的盘点,美国培养亿万富翁最多的大学中,斯坦福大学名列第二,亿万富翁数量达到28位,仅次于哈佛大学。

第一章

斯坦福的财富始于"野心"的膨胀

　　白手起家的富翁们到底有什么不同于常人的地方?被记载于史册的成功人士们有什么不为人知的成功秘诀吗?

　　斯坦福大学的教授告诉我们,有。但这个秘诀绝对不是什么难以触摸、无法理解的神奇代码,它只是一个简单的道理:保持一份难以熄灭的激情和一颗想要成为富人的野心。

1.正确认识潜能:真正的谋财者,无一不善于挖掘自身潜能

斯坦福大学告诉我们:"你的内心拥有无穷的力量,能够引导你追求任何人生的目标。"其实,即使是再平凡的人,他的内心深处也埋藏着巨大的潜能。真正的谋财者,无一不是善于挖掘自身潜能的成功者。

日本首富孙正义两三岁的时候,他的父亲一再告诉他:"你是天才,你长大以后会成为日本首屈一指的企业家。"

在孙正义6岁的时候,他就这样跟别人做自我介绍:"你好,我是孙正义,我长大以后会成为日本排名第一的企业家。"孙正义每一次自我介绍都加上这一句话,直到他后来成为日本首富。

孙正义给自己制定的个人蓝图:

19岁规划人生50年蓝图。

30岁以前,要成就自己的事业,光宗耀祖!

40岁以前,要拥有至少1000亿日元的资产!

50岁之前,要作出一番惊天动地的伟业!

60岁之前,事业成功!

70岁之前,把事业交给下一任接班人!

他是这么规划的,也是这样实施的,并且最终成功做到了。

当然了,这并不是"魔法",你肯定不能仅仅通过幻想就得到物质财富,实现个人理想,你还需要实际的行动。但在付出同样努力的情况下,如果你善于关注,那么实现理想的可能性就会增大。

曾经有位记者在乡下遇到一位正在山坡放羊的少年,于是有了下面的对话:

记者:为什么要放羊?

放羊娃:放羊为了卖钱。

记者:为什么要卖钱?

放羊娃:卖钱为了娶媳妇。

记者:为什么要娶媳妇?

放羊娃:娶媳妇为了生个娃。

记者:为什么要生个娃?

放羊娃:生个娃以后好接着放羊啊!

也许看完这个故事大家都会会心一笑,笑这个孩子和他的下一代都是周而复始地生活,没有大志向,也没有改变自己生活的想法。

从环境角度来说,由于他生活在条件艰苦、信息闭塞的农村,他所关注的主要是放羊,于是他的生活也就坠入了这样一个循环。这个孩子生活在那样一个环境,他的大部分想法都围绕着放羊,他基本上不会有成为篮球明星去打NBA的想法,更不会有成为电脑专家去研发芯片的理想,因为他每天关注的是哪里草多好放羊,哪天天气不好要去打草。

这个故事从反面说明,你所关注的,在很大程度上就可能变成一种现实。

如果没有人去打扰,放羊娃也许会继续过着他所说的理想中的生活:放羊、卖钱、娶媳妇、生娃、让娃接着放羊。他的这个关注很容易实现,而且也很容易坠入一个循环。但是如果这位记者告诉他,山的外边不再是山,还有更多梦想,那么这个孩子就可能变成另外一个他想变成的人,过上他所希望的另外一种生活。由此可见,意识总是在所要发生的生活之前产生,从而促使我们关注的生活到来。

一项调查显示:在阅读一本书时,正常人的阅读速度为每小时30~40页,而潜能得到激发的人却能达到每小时300页。人脑兴奋时,也只有10%~15%的细胞在工作;人脑可储存非常多的信号,而保留在记忆中的却只是很小一部分。由此可见,我们的进步还有待于对潜能的进一步激发。

我们知道,这个社会一般有三种人生道路,第一是从政;第二是从商,搞经济;第三是学术,比如老师、学者之类。另一方面,每一个人一出生,身上就带有一种长处,这个长处不仔细研究很难发现,只有经历了社会上的磨炼,最后才会慢慢显现出来。有的人做什么好像是天生的,比如说文人的骨相,武将的骨相。有的人要经过长期的磨炼,随着外缘而变化,那也是一种人生。

人都能学会写字,但是并非人人都能成为作家,最优秀的作家具备某种无法教授的内在才能。任何技能都是如此,往往是只可意会不可言传的。就像学会如何正确弹奏所有的乐符与成为一个钢琴家之间有着巨大的区别一样,同样的一群人里,某个人有可能在若干年以后成为这群人的领导者、主宰或是最有成就的一个。

李明近一年从一个普通员工升到了其公司部门经理,工资更是翻了几倍。

曾经,李明觉得自己在这家企业满腔抱负却没有得到上级的赏识,但他又是一个存在性格缺陷,比较唯唯诺诺和软弱的人,但内在能力却有一定水准。在企业5年以来默默无闻忍受低薪的痛苦,与他内在能力的无法发挥,形成了鲜明的对比,他发现他有着很强的管理能力和领导才能,于是他决定要将这项潜能发挥出来,但苦于没有机会。他经常想:如果有一天能见到老总,有机会展示一下自己的才干就好了!

于是,他去打听老总上下班的时间,算好他大概会在何时进电梯,他也在这个时候去坐电梯,希望能遇到老总,有机会可以打个招呼。并且他详细了解了老总的奋斗历程,弄清了老总毕业的学校、处事风格以及关心的问题,并精心设计了几句简单却有分量的开场白,在算好的时间去乘坐电梯,跟老总打过几次招呼后,终于有一天跟老总长谈了一次,不久就争取到了部门经理的职位,并且薪水也涨了几倍。

"当一件事'不得不'做时,我们往往能够做得非常好,但很少有人逼我们做什么,所以很多人就放任自己了。一个人真正的潜能只有在你的自控力和行动力足够强时,才能真正发挥出来,而自控力和行动力都是可以训练的。"李明说。

许多时候,我们都会听到有人抱怨"人才被社会埋没了",但是仔细思考,也许是那个所谓的人才缺乏信心和勇气,安于现状,不思进取,自我埋没。许多情况下,我们需要给自己一点刺激,适当的时候给自己某些有益的暗示,让自己对事业多一份信心,多一点勇气,多一些胆略和毅力,就有希望使自己的潜能从休眠状态下苏醒,发挥无穷的力量,创造成功。

俄国戏剧家斯坦尼斯拉夫斯基在排一场话剧时,女主角因故不能参加演出,出于无奈,他只好让他的大姐担任这个角色。可他大姐从未演过主角,自己也缺乏信心,所以排演时演得很糟,这使斯坦尼斯拉夫斯基非常不满,他很生气地说:"这个戏是全戏的关键,如果女主角仍然演得这样差劲,整个戏就不能再往下排了!"这时全场寂然,屈辱的大姐久久没有说话,突然她抬起头来坚定地说:"排练!"一扫过去的自卑、羞涩、拘谨,演得非常自信、真实。斯坦尼斯拉夫斯基高兴地说:"从今天以后,我们有了一个新的大艺术家。"

当然,发挥潜力需要抓住机遇,当机立断;需要有的放矢,躬身实践。这时候,你会发现令你开心的事不在别处,就在你自己身上;你可以永远和乐观相伴,尽管危机和挑战会随时来临,但是你总有能力使自己生活得风平浪静。

美国的笛福森,45岁以前一直是一个默默无闻的银行小职员。周围的人都认为他是一个毫无创造才能的庸人,连他自己也看不起自己。然而,在他45岁生日那天,他读报时受到报上登载故事的刺激,遂立下大志,决心成为大企业家,从此他前后判若两人,以前所未有的自信和顽强毅力,潜心研究企业管理,终于成为一个颇有名望的大企业家。

努力从正面的角度看待事情,关注你的成功条件,想什么也许真的会得到什么。如:我们渴望财富,就应该把自己的关注点集中在如何获取财富上,坚信自己总有一天会成为富翁,并积极地向着这个方向迈进,你就真的会成为一个富翁。

相反,如果你整天想为什么我会这么贫穷,由于你的注意力当中有贫穷,也许你就真的难以摆脱贫穷了。

致富的力量来自强烈的"野心"

斯坦福大学告诉我们:"有一股力量能够使你马到成功,随心所欲,不管你曾经遭遇过什么障碍、阻挠、挫折、失败,有了这一股力量,你就能排除万难,勇往直前,直叩成功之门。"——这股力量来自强烈的"野心",所以,我们应当把追求成功的欲望转化为一种必先实现而后快的强烈野心,强烈的野心赋予我们追求的动力和坚强的自信。

1.穷人激动一时,富人激情一世

不管穷人还是富人,绝大部分人都有遇到好机会、想到好主意的时候,但大多数人只为此激动一时,或因为害怕风险,或因为畏惧艰难,或因为贪图安逸。只有小部分人为此激情奋斗三年五载,甚至一生一世。这就导致了大部分人平淡一生,小部分人叱咤风云。

很多人都经历过或者耳闻过这样的事情,决定做一件事情的时候总是大张旗鼓,踌躇满志,明明还没有开始行动,就感觉到胜利已经近在咫尺了。可是往往只过了几天,大家就开始意志消沉,忘记了目标和胜利,也忘记了当时满怀希望的样子,依旧和往常一样过着曾经的生活,还是曾经的样子。

虽然穷人们也渴望财富,渴望成功,可是怀揣这样的热情,只停留了3分钟就把这希望的火苗掐灭了。

生活中有许许多多只有三分钟热情的普通人,他们做事只凭一时的热情,缺乏耐性,不能持之以恒。比如,听完某个先进人物的事迹报告会后,有的人就会被深深触动,开始进行深刻的自我反思,决心向先进人物看齐,为此还洋洋洒洒写下长篇的感悟和决心,可是高标准还没持续几天,就又产生惰性,陷入原来的懒惰状态,结果,先进人物还是先进人物,他也还是他。

战国时期,魏文侯的将领乐羊子有一位贤惠的妻子。有一年,乐羊子去远方寻师求学,没过多久就匆匆回来了,妻子问其故,乐羊子说:"出门时间长了,想家而已。"妻子听罢,操起一把刀走到织布机前说:"这织布机上织的绢帛产自蚕茧,成于织机。一根丝一根丝地积累起来,才有一寸长;一寸寸地积累下去,才有一丈乃至一匹。今天如果我将它割断,就会前功尽弃,从前的时间也就会白白浪费掉。"乐羊子被妻子的话深深打动了,于是又回去继续学业,一连七年没有回过家,最终学有所成。

如果乐羊子出门求学,只有三分钟的热情,那么他就如同历史中很多无名氏一样,永远不为其他人所知道。

"业精于勤而荒于嬉,行成于思而毁于随。"做事情只凭一时的激动,待激动劲头过去就草草结束,这样的人永远不会有所成就;一曝十寒,半途而废,即使目标仅有一步之遥,成功也会从身边溜走。

晚清名臣曾国藩在《家训育纪泽》中曾告诫后人:"尔之短处,在言语欠钝讷,举止欠端重,看书不能深入,而作文不能峥嵘。若能从此三事上下一番苦功,进之以猛,持之以恒,不过一两年,滋而精进而不觉。"这也告诉我们,做事情只有锲而不舍,孜孜不倦,才能有所收获。

很多女孩子对下面的故事肯定不陌生:

"三月不减肥,四月徒伤悲,姐妹们,从今天开始我一定要减肥,我的柜子里还有好多漂亮裙子呢,不减肥都要穿不下去了,你们可一定要监督我啊!"

"哎呀,我也要减肥,从今天起,咱们去操场跑步吧?坚持一个月,我就不信咱减不下来!"

"好的,好的,搭伴减肥相互促进,咱们要将减肥进行到底!"

当天晚上,这几个姐妹兴冲冲地直奔操场,每人跑了3圈,大家都兴高采烈,好像已经看到了自己夏天裙角飞扬的样子。

第二天晚上,领头的女孩说:"走,跑步去!"只有一个女孩响应了,她们每人跑了2圈,回来的路上已经没有了昨天的兴致。

第三天晚上,她们都在宿舍里休息,有人问:"还跑步吗?"几个女孩相视一下,几乎异口同声地说:"过几天再跑吧,好累啊,前天跑得腿到现在还酸疼呢!"

第四天晚上,第五天晚上……她们再也没有人提起跑步的事情。

夏天到了,她们纷纷抱怨起来:"唉,这么胖,裙子都穿不进去了,真是的,说减肥也没减下来。"

其实,人和人的区别就在于,激动情绪过后,激素分泌减少,当人人都能感受到的初期的兴奋体验过去后,你还能不能在平静甚至单调的周期内持续下去,把兴趣培养成专长。多数人不能忍受单调和平静,更不要提忍受孤独和痛苦,这就是穷人的思维,只凭着一时的激动做事情,激动劲一过去,立即没有了兴趣。

问问你自己:什么事能够让你赴汤蹈火、在所不惜呢?你是否曾经为了实现愿望而努力拼搏?

斯坦福大学的富翁们,总是在沸腾的热血中生活,他们不甘于平凡,不相信失败,决定要去做的事情就勇往直前地尝试。

露丝·汉德勒这个名字我们也许并不熟悉,但是如果提起她的"孩子"芭比娃娃,则会引起无数小朋友的尖叫。芭比娃娃承载了全世界女孩儿的"公主"情结:漂亮的身材、都市女郎的品位、各种令人羡慕的职业、健康的生活方式，还有年轻痴情的男友和世界各地不同种族的朋友。芭比娃娃的诞生和露丝的激情创造是分不开的。

当时，露丝已经有了一个女儿，作为一个母亲和一个做玩具的商人，她十分重视孩子们的想法。一天，她突然看见女儿芭芭拉正在和一个小男孩玩剪纸娃娃，这些剪纸娃娃不是当时常见的那种婴儿宝宝，而是一个个少年，有各自的职业和身份，让女儿非常沉迷。"为什么不做个成熟一些的玩具娃娃呢？"露丝脑中迸发出了灵感，也燃烧起了无限的激情。

但实现的路程却是艰辛的。在芭比娃娃诞生之前，美国市场上给小女孩玩的玩具大多是可爱的小天使，圆乎乎、胖乎乎的，类似著名童星秀兰·邓波儿的银幕形象，这是大人对孩子们玩具的想象，但从大孩子们的兴趣来看，这种玩具却略显稚嫩，他们需要的是跟自己年龄相仿的玩伴，而不是一个小宝宝。

到底要把自己的娃娃做成什么样子呢？露丝苦苦思索，正好这时，她需要到欧洲出差。于是，露丝来到了德国，在那里，她看到了一个叫"丽莉"的娃娃，丽莉十分漂亮，首制于1955年，是照着《西德时报比尔德》中一个著名卡通形象制作的。丽莉是用硬塑料制成的，高18～30厘米，她长长的头发扎成马尾拖至脑后，身穿华丽的衣裙。身材无可挑剔，穿着也很暴露。

于是，露丝买下了3个"丽莉"，带回了美国，她告诉公司的男同事，自己想设计出一种成熟的玩具，但是他们认为"丽莉"衣着太暴露了，是满足男人幻想的产物，并不适合给孩子们，所以他们并不赞同这种想法。

可是露丝并没有气馁，她想，为什么我不能将这两点结合起来呢？孩子们需要的是一个长大的，但不是暴露的娃娃。小女孩不光需要与自己年龄相仿的玩偶，更需要一个她长大后的理想形象。于是"芭比"的样子在露丝的脑子里越来越成熟了，在公司技师和工程师的帮助下，芭比娃娃就这样诞生了。

凭借自己的热情，露丝又请了服装设计师夏洛特·约翰逊为芭比设计服装,1958年,他们获得了生产芭比的专利权。这种娃娃完全改变了一个时代,她与以往的娃娃都不一样,她是个大人,四肢修长,清新动人,虽然身材很好,但被漂亮的衣服紧紧地包裹着,她的脸上还流露出玛丽莲·梦露才有的神秘表情。她虽然只有11.5英寸高,但却十足成熟可爱。正是这个芭比娃娃成就了露丝,使她成为了芭比之母,获得了巨大的成功。

如果没有想要成为"有钱人"的强烈欲望,那么你终身都赚不到大钱,所以你最好使自己感受到贫穷的切肤之痛,这样才能激起赚钱的渴望。越贫穷的人,对赚钱越有兴趣,成功的机会便越大。

社会经济学家麦迪先生认为:"致富的欲望是创造和拥有财富的源泉。一个人一旦滋生了这种欲望,便会激发意识能量,从而不断构思最终得出一个超乎寻常的创富计划,然后再凭借这种欲望带来的持久的兴奋,将这个计划最终实现。"

2."野心"是永恒的特效药,是所有奇迹的萌发点

巴拉昂曾是一位媒体大亨,以推销装饰肖像画起家,从贫穷到富人的蜕变,他只用了短短的10年时间,10年之后,他就迅速跻身于法国50大富翁之列,不过他因前列腺癌于1998年在法国博比尼医院去世。临终前,他留下遗嘱,把4.6亿法郎的股份捐献给博比尼医院,用于前列腺癌的研究;另有100万法郎作为奖金,奖给揭开贫穷之谜的人。

其遗嘱刊出之后,媒体收到大量的信件,有的骂巴拉昂疯了,有的说是媒体为提升发行量在炒作,但是多数人还是寄来了自己的答案。

在这些答案中,很多人认为,穷人最缺少的是金钱,这个答案占了绝大多数,有了钱就不再是穷人了,这似乎是不需要动脑筋就能想出来的答案。也有一部分人认为,穷人最缺少的是帮助和关爱,人人都喜欢关

注富人明星,对穷人总是冷嘲热讽不重视。另一部分人认为,穷人最缺少的是技能,现在能迅速致富的都是有一技之长的人,一些人之所以成了穷人,就是因为学无所长。还有的人认为,穷人最缺少的是机会,一些人之所以穷,就是因为时机不对,股票疯涨前没有买进,股票暴跌后没有抛出,总之,穷人都穷在没有好运气上。另外还有一些其他的答案,比如,穷人最缺少的是漂亮,是皮尔·卡丹外套,是总统的职位,是沙托鲁城生产的铜夜壶,等等。总之,五花八门,应有尽有。

那么正确答案是什么呢?在巴拉昂逝世周年纪念日,他生前的律师和代理人按巴拉昂生前的交代,在公证人员的监督下打开了那只保险箱,在48561封来信中,有一位叫蒂勒的小姑娘猜对了巴拉昂的秘诀。蒂勒和巴拉昂都认为穷人最缺少的是野心,即成为富人的野心。在颁奖之日,媒体带着所有人的好奇,问年仅9岁的蒂勒,为什么能想到是野心。蒂勒说:"每次,我姐姐把她11岁的男朋友带回家时,总是警告我说不要有野心!不要有野心!我想,也许野心可以让人得到自己想得到的东西。"

巴拉昂的谜底和蒂勒的问答见报后,引起了不小的震动,这种震动甚至超出法国,影响到了英国和美国。即使是一些好莱坞的新贵和其他行业几位年轻的富翁在就此话题接受电台的采访时,都毫不掩饰地承认:野心是永恒的特效药,是所有奇迹的萌发点;某些人之所以贫穷,大多是因为他们有一种无可救药的弱点,即缺乏野心。

富人越来越富,穷人越来越穷,原因之一是创富的观念和能力有高下之分。当明白之所以贫穷的原因后,就可以采取行动改变自己的人生。

首先,是要敢想。

一台现场直播的综艺晚会上,正在进行一个叫"童言无忌"的节目。一群五六岁的孩子依次回答主持人的提问,孩子们的回答充满童趣。最后一个问题是:"长大了你想干什么?"一个六岁的男孩迫不及待地大声说:"我想当总统。"主持人追问他:"你想当哪个国家的总统呢?""美国总统!"听到这里,在场的观众都为之大笑。然而,令所有在场的大人们更难忘的,是他的最后一句话:"让美国不再打仗!"

童言稚语不得不引起我们的感慨,连小孩都有敢想的野心,我们这些成年人究竟是怎么了?野心是拥有者的财富,你将会注意到,一切是从你的野心开始的。

富人最大的资产就是敢想敢做。你的头脑就是你最有用的财富,成功者从不墨守成规、坚守现状,而是积极思考,千方百计创新突破。

诺贝尔文学奖得主加西亚·马尔克斯回答他如何走上写作的道路时,曾这样说:

"有一天晚上,我回到我住的公寓,开始读弗朗茨·卡夫卡的小说《变形记》。读了第一行,我差点从床上掉下来。我非常惊讶,书上写道:'一天早晨,格里高尔·萨姆沙做了一个令人惊扰不安的噩梦后醒来,他发现自己在被窝里变成了一只可怕的大甲虫……'读了这一行,我就想:'难道可以这样写吗?'如果我早点知道可以这样写的话,我早就干写作这一行了。因此,在读了卡夫卡的作品后,我立即开始写小说了。"

商海中,类似于马尔克斯这样受到启发从而激活智慧、焕发雄心的能人很多很多。相信你能,你就做得到。斯坦福大学的一位富翁,在谈到他成功的秘诀时说:"导致人们成功致富的要素不是资本,不是财富,不是关系,更不是那些看起来金光闪闪的东西,而是我们的内心。在我们的内心中,积极的心态和肯定的价值观是导致人们致富成功的重要因素。"

真正的敢于追求大成功的野心,绝对是一种积极的心态。美国成功学院对1000位世界知名富人的研究结果表明:积极的心态决定了成功的85%。美国联合保险公司董事长斯通指出:"你随身带着一个看不见的法宝,这个法宝的一边装饰着4个字:'积极心态',另一边也装饰着4个字:'消极心态'。这个法宝有两种令人吃惊的力量,他有获得财富和成功的力量,也有排斥这些东西的力量。积极的心态是一种力量,可以使人攀登到顶峰,并且逗留在那里;消极的心态也是一种力量,可以使人在整个人生中都处于底层。当有些人已经到达顶峰的时候,正是消极的心态把他们从顶峰拖下来的。"

绝大多数人都无法让自己的态度控制周围的环境,而是让环境左右着自己的态度;当人们遇到顺境时,他们的心态就会变好,而在情况不顺利的时候,他们的心态就会变得非常消极。这样的人生态度是不对的,人应当有坚强的意志,不管情况是好是坏,都应该保持良好的态度。

任何事物都有积极的一面和消极的一面,这就要看你的心态是积极的还是消极的。如果你是积极的,你看到的就是乐观、进步、向上的一面,你的人生、工作、人际关系及周围的一切就都是成功向上的;如果你是消极的,你看到的就是悲观、失望、灰暗的一面,你的人生自然也就乐观不起来。

人与人之间只有很小的差别,但这种差别往往造成了人生结果的巨大差异:这很小的差别就是心态是积极的还是消极的,巨大的差异则是结果的成功与失败。有了积极的思维并不能保证事事成功,但积极思维肯定会改善一个人的日常生活;而消极的态度则必败无疑,实行消极思维的人必不能成功。

加拿大人琼尼·马汶读高二年级时,学习总是很费力。一位老师告诉这个16岁的少年:"孩子,你一直很用功,但进步不大,看起来你有点力不从心,再学下去,恐怕你是在浪费时间了。"马汶听完,哭着说:"我爸爸妈妈一直指望我有出息,如果那样,他们会难过的。"

老师用一只手抚摸着孩子的肩膀,"工程师不识简谱,画家背不全化学元素表,这都是可能的,但每个人都有特长——你也不例外,终有一天,你会发现自己的特长。到那时,你的爸爸妈妈就会为你骄傲自豪了。"

后来,马汶替人整建园圃,修剪花草。时间一长,雇主们开始注意到这小伙子的手艺,凡经他修剪的花草无不繁茂美丽,他们称他为"绿拇指"。

一天,他发现一块污泥浊水的垃圾地,想把它改建成一个花园。于是,他来到市政厅,凑巧碰到了一位参议员,他把自己的想法告诉了对方。

"市政厅缺这笔钱。"参议员说。

"我不要钱,"马汶说,"只要允许我办就行。"

参议员大为惊异,他从政以来,还不曾碰到过哪个人办事不要钱呢!他把马汶带进了办公室,当即办妥批准手续。

当天下午,小马汶拿着工具、种子、肥料来到垃圾地。一位热心的老朋友给他送来必需的树苗,一些相熟的雇主请他到自己的花圃剪取花枝,有的则提供篱笆用料……

不久,这块肮脏的污秽场地变成了一个美丽的公园:绿油油的草坪,蜿蜒曲折的小径……附近的人们享受着那份安逸和舒适,经常夸赞公园的创建人——琼尼·马汶。

不错,马汶至今不懂拉丁文,微积分对他更是个未知数,但他知道园艺是自己的特长,他已经成为一名园艺家。

现在是打扫你内心世界的时候了,将所有的消极思想清除干净,做一个富有的乐观者。

(1)言行举止促积极。积极的行动会导致积极的思维,而积极思维会导致积极的心态。反过来,积极的心态催生积极的思维,积极的思维引导积极的行动。消极心态者总是在等待,积极心态者总是在追赶。

(2)心怀必胜的想法。美国亿万富翁、工业家卡耐基说过:"一个对自己的内心有完全支配能力的人,对他自己有权获得的任何其他东西也会有支配能力。"当你把自己看作成功者时,你就离财富不远了。积极和消极总是在人的心中此消彼长,就如同一块地里的庄稼和野草,不是杂草丛生,庄稼枯死,就是庄稼苗壮,杂草屡弱,当然,你最后收获的东西肯定不一样。

(3)走近富人,感受积极。随着你的行动与心态日渐积极,你的信心和目标感也日增。紧接着,你就应该大胆去接触那些看似遥不可及的富人们,跟积极乐观者在一起,你会更加积极,更加自信。正所谓:近朱者赤,近墨者黑。

(4)让别人感到你的重要。每个人都有一种欲望,即感觉到自己的重要性,这是我们每个人自我意识的核心。如果你能满足别人心中的这一欲望,他们就会对你抱有积极的态度。另外,使别人感到自己重要的另一个好处,就是反过来会使你自己感到重要。

其次,要敢做——为别人所不敢为。

在我们身边,许多成功的富人,并不一定是比你"会做",更重要的是他比你"敢做"。在很多情况下,强者之所以成为强者,就是因为他们敢于"火中取栗",敢为别人所不敢为。

历史上的亚历山大大帝就为我们做出了榜样。

公元前333年的冬天,马其顿将军亚历山大率领军队进入亚洲的一个城市扎营。在这里,流传着一个非常著名的神谕:谁能解开城中那个复杂的"哥顿神结",谁就能成为亚细亚王。亚历山大听说后,雄心大起,决定驱马前去尝试。一连几个星期,他思来想去都没有解开,但又不甘心就此罢休。有一天,亚历山大突然顿悟,拔出长剑,一下将那个神秘莫测的"哥顿神结"劈成两半。于是,这个流传千年的"哥顿神结"就此被解开了。后来,亚历山大如愿以偿成为亚细亚王。

如果亚历山大拘泥于前人制定的规则,也许成为亚细亚王的就会另有其人,而不会是他。有时把胆子放大一点,是最聪明的做法。敢作敢为的人,经常突破常规,在别人意想不到的时间和地点,采取出乎意料的手法,获取难以置信的成功,创业经商也是同样的道理。

在加州海岸的一个城市中,所有适合建筑的土地都已被开发出来并予以利用。在城市的一边是一些陡峭的小山,另外一边地势太低,每天被倒流的海水淹没一次,显然,两边都不适合盖房子。一位具有野心的商人来到了这座城市,凭借敏锐的观察力,他立刻想出了利用这些土地的赚钱计划。

他以很低的价格预购了那些山势太陡的山坡地和时常被海水淹没的低地,因为所有人都认为这些地没有太大的价值。接着,他用了几吨炸药,把那些陡峭的小山炸成松土,然后雇佣几架推土机把泥土推平,就这样原来的山坡地变成了建筑用地。最后,他找来一些车子,把多余的泥土倒在那些低地上,直到其超过水平面,这样又变成了一块建筑用地。

谁都知道螃蟹美味可口,然而,第一个吃螃蟹的人一定是带着冒险精神去尝试的。在商业竞争中,有远见的人总是采取开拓型的经营决策,争取主动,获得比竞争者领先的优势,从而出奇制胜。

第一次尝试,也许会消除你一往无前的勇气与一马当先的锐气,也会扼杀你坚持顽强的韧劲与不怠不懈的干劲。但是,碰了一次小小的"壁",决不应该放弃,而应该一次次地继续实践、不断尝试,只有付出努力,才能到达财富的彼岸。许多时候,我们失败的真正原因在于:没有去"再试一次"。正是缺乏"再尝试一下"的努力,使得我们与财富机遇失之交臂。

一个女孩经历了诸多的挫折,始终没有找到一个成功的入口。迷茫的她,给自己放了个假,带着灰色的心情去美国旅游。

一天,她在旧金山市政厅参观的时候,难得兴致高涨,信步漫游。不知不觉来到市长办公室的门口,她不假思索地敲了门,不料一个壮实威严的保镖走了出来,问道:"小姐,我能帮你什么吗?"她愣住了,一时不知该怎么回答,顿了几秒钟,心想:既然敲了门,那就进去看看吧。于是,她精神十足地对保镖说:"我能进去看看市长吗?"

保镖上下仔细打量了她一番,说道:"你得稍等片刻。"说罢,他用监视器和市长通话,确定见面的时间和地点。不一会儿,那个胖嘟嘟的市长,大腹便便地走了出来,很高兴地和她一起聊天、拍照,就像一对早已认识的忘年交。

那一次,是她旅行中最开心、感觉最好的一天,因为她悟出了一个道理:敲门就进去。

结束了美国之行后,她跟着自己的感觉义无反顾地走下去,终于找到成功的入口,成为国内某知名证券公司银行部的经理。

她就是央视《说名牌》美女主持人之一——马嵘乔。

敢于敲门就进去,是一种难得的精神,更是走向财富的敲门砖。遗憾的是,有的人在敲响一扇门之后,心里忐忑不安,信心全无,没有选择迈步进去而是转身离去。既然敲了门,既然迈开了步子,为什么不进去呢?一念之间的决断,往往显得更为紧迫和珍贵。我们也许经历了长途跋涉的艰辛,但关键时刻,缺乏的正是敲门进去的勇气。

的确,冒险会具有风险,这也是许多人踌躇不敢迈步的最大原因所在。一提到"冒险",人们自然联想到各种危险的恶性结局。将"冒险"同"危险"等同起来的思维定势,其实是一种思维误导。如果遵循这种思维定势,你的创造性、自信心、坚韧性和发展机遇将会遭到扼杀,你就永远不可能迈出风险创业的第一步。

创业的风险是很高的,但只要你能坚持学习,不断努力,事业成功的回报将是无限的。一位富翁指出:"伟人经常犯错误,经常要摔倒,但虫子不会,因为它们要做的事情就是挖洞和爬行。"敢于承担风险的人改变着这个世界,几乎没有不冒风险就变富的人。

如果你留意观察,你就会发现过于谨小慎微的投资者是不可能获得巨额财富的。唯有具备极强冒险精神的投资者才能收获丰厚的回报。

那么,究竟怎样改造自己的思想,了解自己并决定是否选择冒险呢?

(1)明确告诉自己,即使你不冒险,也不可能存在绝对的安全。绝对的安全根本不切合实际,风险无处不在。一个没有纷扰、失败、问题和风险的世界是不存在的。

(2)虽然冒险带有一定的主观色彩,但它并不是彻头彻尾的赌博。真正意义的成功,不是赌博,而是靠实力、知识、机遇、决断和冒险。单靠冒险得来的成功不会长久,机会有时要求你赌一把就赌一把,但不要使自己的头脑发热像个赌徒。时刻保持冷静的大脑,能够做到这一点的人,是一种能平衡自制、在冒险中能够成功的人。

在冒险之前,我们必须清楚地认识那是一种什么样的冒险,必须认真权衡得失——时间、金钱、精力以及其他牺牲或让步。

在敢于冒险的同时,还要善于精心运筹,避免危险结果的产生。因此,你需要注意:

(1)发挥分析判断能力。只有具有高超的分析判断能力,才能够把众多非常复杂的关联因素综合起来从而做出正确的判断。

(2)预备必要的应变方案。偶然性、随机性的影响因素是难以预料和避免的,你如果只有一个方案,那就要冒很大的风险。预备好必要的应变方案,才能有效应对可能出现的不测事变。

(3)充分利用主客观条件。把一些未知的不确定的因素转化为可以把握的确定因素,善于将不利的条件转化为有利的条件,你就能在困境中化险为夷。

(4)给自己上保险。你的冒险方案需要加上有效的"保险设施",既要使冒险留有可调节的余地,又要妥善处理失误带来的可能后果,这样才可以将冒险的损失降为最低。

再次,富人的字典里没有"不可能"。

"在我的字典里,没有'不可能'的字眼。"

美国著名的成功学家拿破仑·希尔,年轻的时候抱着一个当作家的雄心。要达到这个目标,他知道自己必须精于遣词造句,字词将是他的工具。当时他家里很穷,他不可能接受完整的教育,因此,很多朋友好心劝他,放弃"不可能"实现的雄心。

年轻的希尔存钱买了一本最好的、最完全的、最漂亮的字典,但是他首先做了一件奇特的事——找到"不可能"这个词,用小剪刀把它剪下来,然后丢掉。于是,他有了一本没有"不可能"的字典。他告诉自己,没有任何事情是不可能的。

在富人的致富宝典中,从来没有"不可能"这个词。他们谈话中不提它,脑海里排除它,态度中抛弃它,不再为它提供理由,不再为它寻找借口,把这个词永远地抹杀,而用光辉灿烂的"可能"来替代它。

古时候,有个人因冒犯皇帝被判了死刑。行刑前,他向皇帝保证,他可以在一年内教会御马在天上飞。皇帝将信将疑,囚犯被恩准缓刑——如果不成功,他将被更加残酷的刑法处死。还没到一年,国家就发生暴乱,囚犯乘机越狱逃跑了。

在一年之内,国王可能会死掉,马也可能会死掉,谁也不能洞察一年内的一切。也许,那马真的学会了飞呢?囚犯聪明地使了"缓兵之计",马在天上飞,谁都知道是不可能的,一个被判死刑的囚犯,谁会想到他还能活下来?可是,他却炮制一个"不可能"挽救了另一个"不可能",由此看来,在任何"不可能"面前,我们都应该积极地去想去做,与其坐以待毙,不如努力地寻找出路。当你认为不可能挽回一切之时,不如相信奇迹。

从古至今,人们不断地创造着一个又一个奇迹。看过下面这个传说之后,你就会明白,只有相信奇迹的人,才能创造奇迹。

在埃及著名的塞贝多沙漠里,在方圆150平方千米的不毛之地中,在终年酷热无雨的一片漠漠灰沙间,一株繁茂大树巍然屹立,特别引人注目。这棵阿拉伯语叫作巴旦杏的树,树高不过一丈,树干可容两人合抱,据说树龄已经有1600多年了。

公元346年以前,一个名叫小约哈尼的青年决心皈依伊斯兰教。为了考验他的决心,一位叫阿帕·阿毛的圣者把一根巴旦杏树枝制成的手杖插在塞贝多沙漠里,他对小约哈尼说:"你要一直浇水,直到这树扎下根,结了果为止。"

巴旦杏树生命力极强,随处都能扦插成活,但沙漠中最缺的就是水。圣者插下手杖的地点,离最近的水井也有一天路程。井里的水简直是涓滴细流,想把水缸装满水,则需要整整一夜的时间。

这是一件艰苦卓绝的工作。成功的概率近乎不可能,然而,小约哈尼没有放弃。他不分昼夜地挑水,连续三年从未间断,以超乎想象的毅力坚持不懈——只要敢停顿一天,那棵树就会被烈日的毒焰烧死,所做的一切都会前功尽弃。

所有坚忍不拔的努力都会把不可能变成现实,在汗水与井水的浇灌下,巴旦杏手杖扎下根,抽出芽,绽开叶,开了花,最后还结了果。

小约哈尼种巴旦杏树的奇迹代代相传,延续不绝。直到今天,附近寺院里的继承者们,仍和小约哈尼一样,矢志不移地为那棵古老的树运水,浇灌。

有人粗略地计算了养护这棵树的成本:漫长的岁月里一共耗费了50万个人工,如果将这50万个人工折算成工资,再加上放弃休息的夜间加班,将是一笔无法估计的巨大财产。时间是衡量成功概率的一种尺度,如果你能很好地利用,把它拓宽加长,它就会为你创造奇迹。

有些事情人们之所以不去做,只是他们认为不可能。而许多的不可能,只存在于人的想象之中。

世间的事非常奇怪,越是人们认为不可能的,做起来越顺畅。相反,如果是人们都认为可能的事,做起来反而磕磕碰碰,这样的事还真不少。

1485年5月,为了实现自己的航行计划,哥伦布亲自到西班牙去游说,"我从这儿向西也能到达东方,只要你们拿出钱来资助我。"当时,谁也没有阻止他,因为当时的人们认为,从西班牙向西航行,不出500海里,就会掉进无尽的深渊。至于说到达富庶的东方,是绝对不可能的。

可是,他第一次航行成功了。第二次远航的时候,他遇到了空前的阻力,甚至还有人在大西洋上拦截,并企图暗杀他。原来认为"不可能"的人不再坚持了,而且都认为哥伦布的航线绝对能够到达富庶的东方。

炒股票追求长远,才能获益。1973年,全世界没有一个人认为,曼图阿农场的股票能够复苏。相反,有的甚至认为,曼图阿不出三个月就会宣告破产。然而,巴菲特不这样看,他认为,越是在人们对某一股票失去信心的时候,这只股票越可能是一处大金矿。当时他果断地以15美分的价格买入一万手,果然不到五年,他就赚了470万美元。众所周知,现在他已是排在比尔·盖茨之后的大富翁了。

越是大多数人认为不可能的事,越是有可能做到。细细想来,这话确实很有道理。看似不可能的事,肯定是件十分困难,甚至难以想象的事。因为太难,所以畏难;因为畏难,所以根本无人问津,谁也不去关注,谁也不去攻击,谁也不去设防。因此,不可能实现的事,一般都没有竞争对手,第一个去尝试的人正好可以乘虚而入。可以说,世界上许多真正的大富翁,都是在别人认为不可能的情况下赚了第一桶金。

1971年在伦敦国际园林建筑艺术研讨会上,迪斯尼乐园的路径设计被评为世界最佳设计。世界建筑大师格罗培斯是如何把它设计出来的呢?

在迪斯尼乐园即将对外开放之际,各景点之间的路该怎样连接还没有具体方案,设计师格罗培斯心里十分焦躁。

一天,他乘车在法国南部的乡间公路上奔驰,这里漫山遍野都是当地农民的葡萄园。当车拐入一个小山谷时,他发现那儿停着许多车。原来这是一个无人看管的葡萄园,你只要在路边的箱子里投入5法郎就可以摘一篮葡萄上路。据说,这是当地一位老太太的葡萄园,她因无力料理而想出这个办法。谁知道这样一来在这绵延上百里的葡萄园里,总是她的葡萄最先卖完。这种给人自由,任其选择的做法,使大师深受启发。

回到住地,他给施工部下了命令:撒上草种,提前开放。

在迪斯尼乐园提前开放的半年里,绿油油的草地被踩出许多小道,这些踩出的小道有宽有窄,优雅自然。第二年,格罗培斯让人按这些踩出的痕迹铺设了人行道。

在追求财富的路途中,时间就是金钱,每个人都在寻找自己的最佳路径。在不知该怎样选择的时候,顺其自然恰恰是最佳选择。只要你仔细观察周围的一草一木,善于思考人的一举一动,分析事情的前因后果,无数的灵感和启示就会源源不断地闯入你的大脑,"不可能"就会被无数的"可能"代替。

3.找准位置规划目标,将"野心"逐步实施

一旦你胸中有一颗坚定的野心,而且你也相信,不管未来情况如何变化,他们对你只有助力而无阻力,那么,你就可以开始准备事业计划了——把强烈的"野心"逐步实施,这是一种相当深奥的学问。

第一,为"野心"找准位置。

联合国刚刚筹备时"身无分文",想在寸土寸金的纽约立足实在比登天还难。得知这一消息,美国著名的洛克菲勒财团经过商议,果断出资870万美元,在纽约买下一块地皮,无条件地赠给了这个刚刚挂牌的国际性组织。同时,洛克菲勒财团也把毗邻的大块地皮全部买了下来。

对于洛克菲勒财团的惊人之举,有人断言:"不出十年,洛克菲勒将会破产。"因为联合国大楼建成需较长时间,这意味着土地将长时间空置。从当时的形势来看,这显然是一项不高明的投资。

几个月后,联合国大楼建成,不可思议的事也随之发生了,其毗邻地块的地价开始迅速飙升。几年以后,巨额财富开始源源不断地涌入洛克菲勒财团。

洛克菲勒财团的"野心"可谓深谋远虑,早早看到了投资的前景。然而,更重要的是,他找准了一个合适的时机,把自己的"野心"放在了一个最佳的位置上,几年之后就得到了丰厚的报酬。

财神从来不会辜负每个人的汗水与努力。我们总是抱怨财富离我们太远,可是抱怨之时,我们从来没有认真想过:我有没有给自己的"野心"找好位置?

在财富大舞台上,每个人都有着形形色色的"野心",扮演着不同的角色。但这不同的角色该如何定位,如何才能实现自己的野心,也许是我们每个人必须认真面对和思考的问题。

如果你所在的这个位置正好是适合你的,你就会得心应手。如果这个位置不适合你,那你就可能会一蹶不振,庸庸碌碌过一生。所以说,做好野心定位是每个人谋财过程中非常关键的事情。

我们的机会都把握在自己手里,然而还是有许多人总是找不到自己的位置,似乎觉得什么事都适合自己或什么事都不适合自己。为什么会这样呢?其实很多人并没有认真想过自己的奋斗目标是什么,也没有仔细分析过在人生的某个阶段到底该干什么。于是,他们经常盲目地选择工作,然后又不顾一切地频繁跳槽,最后却一事无成。

但凡事业显赫、功成名就的富人,都为自己的野心找到了一个适合自己的位置,然后充分发挥个人的专长,以实现心中的梦想。

第二,经营自己的优势。

年过60的爱德·舍克,在加拿大拥有两家咖啡馆、两家酒吧、两家高尔夫球俱乐部等,奇怪的是,他却是个文盲。不过,他说:"值得庆幸和骄傲的是,我会写四个字,而且十分漂亮,这就是我的名字——爱德·舍克。"仅此而已,但已难能可贵。他对自己了解得清清楚楚,他知道该舍弃什么,并发扬光大什么。40年前,他想做水暖工学徒,但人家没有接收他,不过,他并不因此自暴自弃,而是更好地把握自己,"做不了水暖工,那好,我就做一名商人吧!"他终于成功了,他制胜的法宝就是掌握4个字:爱德·舍克。

爱德·舍克的成功,告诉我们一个简单的道理:看清了自己,再想想看,走哪一条路更适合自己。富人的诀窍在于经营自己的长处,找到发挥自己优势的最佳位置。一个人事业成功与否,在很大程度上取决于自己能不能扬长避短,善于经营自己的长处。

"尺有所短,寸有所长"。如果你能经营自己的长处,就会给你的资本增值;反之,如果你经营自己的短处,那就会使你的财富贬值。只要你善于发掘自己的潜力,发挥自己的优势,就能找到发展自己的道路,创造美好的财富蓝图。

俗话说,知人者智,自知者明。每个人都有优点和长处,自己适合做什么,不适合做什么,都应该心里有数。如果不知己所长,又不知己所短,不论是以短当长,还是以长当短,都会适得其反。看完下面的童话故事,我们或许可以更深刻地明白这一点。

在亚洲大草原,有一头年幼的狮子叫迪奥,它从小就立下雄心壮志:我要成为一头最优秀最完美的狮子。

后来,这头年幼的狮子发现,虽然兽类都认为狮子是草原之王,但它有个明显的弱点,就是在长跑中的耐力比羚羊弱。很多时候,就因为这个弱点,羚羊便溜掉了。

它决心改掉这个缺点,通过长期对羚羊的观察,它认为羚羊的耐力与它吃草有关。为了增强耐力,迪奥便学着羚羊吃起草来,最后因吃草而变得体力空乏,奄奄一息。

母狮发现迪奥这个做法后,便教育迪奥说:"狮子之所以成为草原之王,不是因为没有缺点,而是因为它有突出的优点,它是靠突出的观察力、优异的爆发力、锋利的牙齿和准确的扑跳动作,而不是靠完美才称霸草原的,没有缺点的狮子是不存在的。"

迪奥听了母亲的话,开始认识到自己的错误。

为了让自己变得完美,我们总希望改掉自己身上的一切缺点,结果成为一个平庸之人。狮子之所以成为狮子,富人之所以成为富人,并不是因为没有缺点,而是懂得尽量避开自己的缺点,把自己的优点发挥得淋漓尽致。

第三,将野心转化为目标。

在斯坦福大学众多的富人当中,不乏善于规划自己野心,设计自己财富目标的成功者。他们的成就与经验给我们带来不少的启示。

首先,选择目标,瞄准奔跑的方向。

拥有野心是重要的,更重要的是知道自己所追求的目标。要知道,目标永远只有一个,那就是"成功"。速度不是奔跑,在把握速度之前,首先要把握方向。方向对了,永远都是在奔跑。

爱因斯坦在他的《自述》中曾坦言:"数学和物理的每一个领域的研究都会牺牲我短暂的一生,可是我学会了识别那些意义非凡的目标,而把许多可望而不可即的目标舍弃了,而只取我的一生能够实现的。"爱因斯坦为什么能够成为伟大的科学家,最为关键的是,他运用了具体的目标法。

几乎所有的人都有致富的野心,但90%以上的人没有致富的目标。

制定明确的致富目标是致富的第一步。

我们来看看创造财富的"黄金五大定律":

巴比伦首富阿卡德只有诺马希尔一个儿子。当儿子成年后,阿卡德并没有急于将财产交给他,而是送给他两样东西:一袋黄金和一块刻着黄金五大定律的泥板,让诺马希尔到外面去闯荡。诺马希尔遵守着泥板上的五大定律,历经10年的磨难之后,不仅保住了父亲给他的一袋黄金,而且还多赚了两袋。

后来这五条定律,曾指引了无数人从贫穷走向富有。在此,将它们加以引述,相信对谋财者有所裨益:

第一定律:凡把所得的1/10或更多的黄金储存起来,用在自己和家庭之未来的人,黄金将乐意进他的家门,且快速增加;

第二定律:凡发现了以黄金为获利工具且善加利用的聪明主人,黄金将甘心地为他工作,并且获利速度甚至比田地的产出高好几倍;

第三定律:凡谨慎保护黄金,且依聪明人意见好好地使用的人,黄金

会乖乖地在他手里;

第四定律:在自己不熟悉的行业投资,或者在投资老手所不赞成的用途上进行投资的人,都将使黄金溜走;

第五定律:凡将黄金运用在不可能得利的方面,以及凡听从诱人受骗的建议,或凭自己毫无经验和天真的投资概念而付出黄金的人,将使黄金一去不返。

黄金定律是我们确定财富目标的原则。目标的选择需要考虑以下几个主要因素:

(1)自己的野心。你的目标来自你的野心,这是别人无法给你的。简单地说,你需要什么,就会产生强烈的欲望,欲望所针对的对象就是你的目标。

(2)自己的智慧。不管你是否承认,人与人之间在智力上存在着很大的差异,这就决定了有些财富门道并不是对所有人都敞开的,也不是所有人都可以迈进的。

(3)自己的兴趣。兴趣之所在,动力之存在。你的兴趣会产生源源不断的能量,使你信心百倍,精神大振。对新观点、新事物要保持灵敏头脑,随身携带一个简单的笔记本,随时记下你所发现的赚钱之道。

(4)自己的能力。没有人是全能的,每个人都有自己的优势和劣势,长处和短处。需要注意的是,优势长处和劣势短处只是相对而言,并没有绝对之分。学会与人合作,要记住你自己不可能是个全才,要学会不纠缠鸡毛蒜皮的小事,巨大的财富通常是有妙招的人同多才多艺的智者通力合作的结果。开发你的创造力,财富属于那些能把新观点付诸实际行动的人。

(5)自己的资源。资源是创造财富的资本,你能利用的资源越多,你获取财富的能力就越强,效率就越高。

(6)对环境的判断。除了个人的因素之外,外在环境对于你的财富目标也有着不可忽视的影响力。识时务者为俊杰,保持对环境的敏感性和洞察力,将会使你应变时游刃有余。学会迅速地审时度势、快速地决断能够使你占有领先的优势,有助于在经济大潮中处于不败之地。

(7)成功概率。大的成功率,必定有很多人在进行,因此投资的回报率较低;小的成功率,存在着风险,但也会使一部分人望而却步,因此投资的回报率很高。要清醒地认识到世界上绝没有万无一失的赚钱之道,要善于捕捉赚钱机会,敢于冒险。

(8)目标的可操作性。开发月亮与开发地球相比,实现目标的难度截然不同。可操作性也是因人而异的,往往受主客观因素的影响。

其次,将目标"化整为零"。

任何远大理想的基石都要建立在实践的基础上,都必须为此一步一步地努力,再辉煌再宏大的野心和理想在剥去其美丽的外衣时,都只会留下一些小而具体的目标和不懈的努力。

飞机起飞后,需要通过导航仪器不断把飞机纳入航道。你的财富目标也需要导向仪,把你从不固定的、经常移动的位置中纳入正轨,向目标前进。要实现你的"野心"目标,必然会遇到无数的障碍、困难和痛苦,使你远离或脱离目标路线,因此你必须对自己的目标有清醒的认识,正确估计可能会遇到的困难,把事件依重要性排出次序,依仗实力、毅力和心力勇往直前,成功则指日可待。

美国伯利横钢铁公司总裁查理斯·舒瓦普向效益专家艾维·利请教"如何更好地执行计划"的方法。艾维·利声称可以在10分钟内就给舒瓦普一样东西,这东西能把他公司的业绩提高50%,然后他递给舒瓦普一张空白纸,说:

"请你在这张纸上写下你明天要做的6件最重要的事。"

舒瓦普用了5分钟写完。

"现在用数字标明每件事对于你和你公司的重要性的次序。"

这又花了5分钟。

"好了,把这张纸放进口袋,明天早上第一件事就是把纸条拿出来,做第一项最重要的,不要看其他的,只是第一项。着手办第一件事,直至完成为止。然后用同样的方法对待第二项、第三项,直至你下班为止。如果只做完第一件事,那不要紧,你总是在做最重要的事。"

"每一天都要这样做——你刚才看见了,只用10分钟时间——你对这种方法的价值深信不疑之后,叫你公司的员工也这样干。这个试验你爱做多久就做多久,然后给我寄支票来,你认为值多少就给我多少。"

一个月后,查理斯·舒瓦普给艾维·利寄去一张2.5万美元的支票,还有一封信。信上说,那是他一生中最有价值的一课。5年之后,这个当年不为人知的小钢铁厂成为世界上最大的独立钢铁厂。

人的能力与时间毕竟有限,无法超越某些限度,如果能对你的目标做到慎重研究,对事情的轻重缓急做到心中有数,虽说不一定能够成功,但至少可以更大地发挥自己的能力。

今天的世界是设计师、策划家的世界,唯有那些做事有秩序、有条理的人才会成功。而那些头脑混乱,做事没有秩序、没有轻重缓急的人,成功永远都和他擦肩而过。

那么,如何才能将"野心"转化为"目标"?以下方法你可以去尝试。

将自己在一定时间期限内(比如三个月)想做的事情或事项全部列出,然后把太笼统或能力不可及的事项删除,以表格的形式清清楚楚地写出来。

完成之后,再重新仔细看一遍,如果有在时间期限内不能完成的事项,马上删除。

保证留在表里的事项完成所需要的必备条件。

列表时,心中必须有明确的概念,了解自己的野心到底追求的是什么。当一切清晰地呈现在大脑时,依照欲望强度的大小决定各事项的先后顺序。

在排序的过程中,发现最适合自己的"第一欲望"。

把你的"第一欲望"清楚地写在一张纸上,把它钉在自己容易看到的地方。每天在空闲的时候,就看一看自己的"野心"目标,想象自己成功时的情景。

经过一段时间后,你越来越感觉到自己正在走向目标的途中。记住:积极的心态要坚持下去。当你感到原本单纯的愿望已经变成强烈的欲望时,你已经迈出了第一步。

当你把自己的"野心"转化为一个个必欲实现而后快的目标时,你便会不惜一切地努力奋斗了。

你至少应该自测下面几个相关问题:

(1)你的事业,是否是你野心的延长?你期望它能给你带来多少钱财?你愿意付出多少财力和时间?你会为此改变自己的生活吗?

(2)你打算卖力经营吗?你是否认为有了自己的事业,就可以有更多的自由支配的时间来娱乐或和家人相聚呢?如果你了解几乎所有能够赚钱的事业都需要投入大量的精力,你还坚持吗?

(3)你的家人支持你吗?如果你的创业遭到亲人的泼冷水,你会觉得气馁吗?

(4)3~5年内,你想达到什么样的成就?你想要的是一个能为你提供舒适生活的惬意小生意吗?或者是一家成长迅速、有挑战的公司?或者是介乎两者之间?

在周密地考虑完上述问题之后,你就可以开始着手详细计划了。

延伸阅读:
斯坦福亿万富翁代表人物

斯坦福亿万富翁代表人物包括Google两位联合创始人——谢尔盖·布林和拉里·佩奇等。

拉里·佩奇

他曾担任密西根大学Eta Kappa Nu荣誉学会的会长,他从斯坦福大学计算机研究所博士班休学,其指导教授是Terry Winograd博士。Google就是由佩奇在斯坦福大学发起的研究项目转变而来的。

刚进入而立之年的Google创始人谢尔盖·布林和拉里·佩奇,让全球数百万人利用Google搜索引擎创造财富,让员工们因为公司上市而获得财富,同时也为自己带来了巨额收益。谢尔盖·布林和拉里·佩奇计划出售手中2.5%的股权,这将使他们俩每人获益1亿多美元。

布林和佩奇在接受美国广播公司记者彼得·杰宁斯采访时说:"对我们来说,最大的责任就是当人们提出要求时,准确地提供他们所需要的东西。""我们希望在接下来的工作中,能够继续利用科技给人们的生活和工作带来真正巨大的变化。"

布林说,早在网络工作的最初阶段,他们就决定专做"搜索","搜索"关乎于信息,只有它才能为人们的生活带来真正的变化。Google能够帮助人们回答各式各样的问题,提供几乎所有人想知道的信息,而且能够接受中文、英文、日文等100多种语言的查询,据说美国中央情报局也是Google的大客户。

两个大学生从车库里起家

Google搜索引擎源于拉里·佩奇和谢尔盖·布林在斯坦福大学读书时所做的一个研究项目,更确切地说,他们最开始是在佩奇简陋的宿舍搞研究,没多久搬到车库。跟许多发明家的故事差不多,他们最终在小车库搞出了大工程。佩奇说,那时他们俩到处借钱,教授、亲戚、朋友,只要是想得到的人都去借了,幸好,两人"跌跌撞撞"启动的搜索引擎工程一面世,立即得到迅速发展。

据说两人1995年在斯坦福大学认识时并不"情投意合",当时两人都是斯坦福大学的硕士,佩奇24岁,布林23岁,两人在一次校友会上结识,他们都有很强的主见,意见分歧时互不相让,不管讨论什么问题几乎都会争吵起来。但最终两人却在解决计算机学最大挑战"搜索引擎"的问题时找到了共同点。

1996年年初,佩奇和布林开始合作研究一种名为"BackRub"的搜索引擎,到1998年上半年逐步完善这项技术后,两人开始为这项技术寻找合作伙伴。他们找到雅虎的创始人之一戴维·菲洛,菲洛认为他们的技术确实很可靠,但建议他们自己建立一个搜索引擎公司发展业务,发展起来后再考虑合作。

到处借钱创业

吃了无数个闭门羹之后佩奇和布林决定自己创业,但他们手中仅有的一点现金都因购买大量的数据盘和储存器做研究而花光了。他们的一位教师,也是SUN微系统的创始人之一安迪·别赫托希姆在关键时刻给予了他们很大帮助。别赫托希姆是个很有远见的人,在看完他们的演示后,立马开了张10万美元的支票帮助成立Google公司。之后两人又从家人朋友那里到处借钱,筹得100万美元作为最初投资。

1998年9月7日,Google公司在加利福尼亚州的曼罗帕克成立。一个朋友租给佩奇和布林办公的车库在当时看来已经不错了,有一台洗衣机,还有热水器。他们雇用了第一位员工克雷格·希尔弗斯坦,后来希尔弗斯坦是Google公司的科技主管。

1999年2月他们搬了新的办公室,虽然条件仍然简陋,但比车库好点,一张乒乓桌就作为正式的会议场所,8名员工在办公室里都转不过身,一个人要出门所有人都得起身挪开凳子才能腾出地方。

每天为员工提供什么餐点成了两人的重大决策

布林和佩奇两人合作得很好,并且吸引了一大批有能力且忠实的员工。创业之初办公室虽然简陋,他们仍尽可能为员工创造宽松的工作环境,他们在屋外的草坪上种上蘑菇,养了条狗,专门请厨师为员工做饭,每星期举行两次曲棍球比赛,公司现在已经拥有2000多名员工。布林说,他们必须让办公室成为员工们乐意呆的地方，因此现在每天为员工提供什么餐点甚至都成了两人的重大决策之一。

短短几年Google就迅速发展成为目前规模最大的搜索引擎，并向雅虎、美国在线等其他目录索引和搜索引擎提供后台网页查询服务。目前Google每天处理的搜索请求达2亿次，这一数字还在不断增长。通过对30多亿网页进行整理，Google可为世界各地的用户提供适合需求的搜索结果，而且搜索时间通常不到半秒钟。

谢尔盖·布林

谢尔盖·米克哈伊洛维奇·布林是Google公司的创始人之一，与另一位Google创始人拉里·佩奇并列富豪榜前列。

小学一年级提交电脑方案

谢尔盖·布林出生在苏联一个犹太人家庭。5岁那年，布林跟随父母一起移民美国，从而开始了他美国式的成功历程。他的父亲迈克尔是一位数学家，曾在苏联计划委员会就职，并曾在莫斯科一所学校任教。

来到美国后，父亲迈克尔在马里兰大学谋得一个教职，直到现在他还是该学校的数学教授，而布林的母亲则是美国宇航局的一名专家。

其实，布林的祖父也是一名数学教授，受家庭的影响，幼年时期，布林的数学天赋就开始显山露水，他对电子学也有着浓厚的兴趣，早在念小学一年级的时候，当时布林就向老师提交了一份有关计算机打印输出的设计方案，这让老师大为吃惊，要知道，当时计算机才刚刚开始在美国普通家庭出现。

中学毕业后，布林进入马里兰大学攻读数学专业，父亲迈克尔希望他能沿着自己的足迹成长，在数学的道路上一走到底。然而，布林并没有按照父亲给他设定的规划发展，由于成绩杰出，布林在取得理学学士学位后获得了一等奖学金，随后进入斯坦福大学。在斯坦福大学，这位天才学生再次得到命运的青睐，校方允许他免读硕士学位而直接攻读计算机专业博士学位。不过,布林在斯坦福攻读博士期间选择了休学,并和同窗好友拉里·佩奇一起创建了家喻户晓的互联网搜索引擎Google。

24岁创立Google公司

互联网魅力深深地吸引着布林,他把互联网视为通往未来的必经之路。早在上大学的时候,布林就已经发明了一种超文本语言格式的搜索系统。1998年9月,24岁的布林和25岁的佩奇决定合伙开个公司,公司提供的唯一服务就是搜索引擎,在对商业计划一无所知的情况下,布林从一位斯坦福校友那里顺利地拿到了第一笔投资:10万美元。

依靠这10万美元,在朋友的一个车库里,布林和佩奇开始了Google的征程。创立之初,公司除了布林和佩奇之外,就只有一个雇员——克雷格·希尔弗斯坦——Google后来的技术总监。他们的努力工作不久就得到了回报:那时的Google每天已经有了1万次搜索,开始被媒体关注。1999年,又有两名风险投资家向Google注入了2500万美元的资金,帮助Google进入了一个崭新的发展阶段。

可以说,Google取得的成功源于其创建者布林和佩奇的想象力,同样也源于他们的天赋。在Google创建之时,业界对互联网搜索功能的理解是:某个关键词在一个文档中出现的频率越高,该文档在搜索结果中的排列位置就越显著。而布林则另有高见,他认为,决定文档在搜索结果中的排列位置的因素是一个文档在其他网页中出现的频率和这些网页的可信度,网页在受众中的知名度和质量是决定性因素。事实证明,布林是正确的。

Google上市以拍卖方式定价

当Google的竞争对手致力于成为门户网址,投入搜索服务的比重不大之时,布林反其道而行之,尽力完善其搜索引擎。Google的使用率越来越高,每天的搜索量由6年前的1万次增至目前的3亿次。很多广告商要求在Google网页刊登广告,同时,雅虎、宝洁、美国能源部等许多大公司和政府机构也纷纷使用Google的搜索技术，Google按照搜索施放数来收取授权使用费。

作为一名技术天才，布林同样不缺乏商业才能。布林、佩奇以及他们的团队开始创造自己的财富神话。他们不仅仅创造出奇特的搜索引擎技术，更在Google公司上市上试图创新，他们以拍卖的方式进行IPO（首次公开募股）定价，被美国媒体称为"对华尔街的清洗"，两个新的亿万富翁就这样诞生了。

将"免费午餐"进行到底

如何让天才们在公司里工作得更加舒适，布林有自己独特的方式。

虽然西方有一句谚语"世上没有免费的午餐"，但在Google公司却将"免费"作为公司文化的一部分。实施到了细致入微的地步：员工用餐、健身、按摩、洗衣、洗澡、看病都100%免费；公司给员工最差的电脑显示器都是17英寸的液晶显示器；每层楼都有一个咖啡厅，可以随时冲咖啡、吃点心，大冰箱里有各种饮料，免费随意喝。

布林还允许员工带孩子和宠物来公司上班，这在美国很多公司都是不可思议的。此外，公司任何一个重要员工都有自己的独立办公室，每个办公室可以按照自己的意愿来装修。布林的办公室和其他人的区别不大，只是位置稍微好一点。

布林还要求：公司要有领先于时代的点子。他为Google的员工制定了一条不成文的规定：工程师必须用1/4的时间来思考了不起的点子，即使这些点子可能对公司的财务前景不利。为了鼓励创新，布林允许员工有4%的时间从事自己感兴趣的任意工作，不过研究成果必须卖给公司。他每年举办一次员工创新能力技术大赛，奖金是1万美元。

倡导有限度的富裕生活

尽管布林已成为美国最年轻的亿万富豪，但他倡导有限度的富裕生活，依然保持着俭朴的本色，同普通人无异。据说他仍租住着一套两居室的房子，开一辆5座混合动力的丰田Prius小轿车，价值约2万美元。

　　虽然布林成长为美国新经济的领军人物，但他依然保留了很多俄罗斯特性，在美国旧金山几家知名的俄罗斯餐厅，人们经常能看到布林的身影。他还喜欢邀请同事和记者一道品尝俄罗斯传统的布丁、罗宋汤以及鱼子酱煎饼。布林难以割舍对俄罗斯的感情，因为正是他的父母培育了他的数学才能。

任何财富价值,都是靠时间堆积出来的。任何一个有成就的人,都善于运用自己的时间,包括一年、一天和当下的时间,也包括提高自己每一天、每一个小时、每一秒的时间效率,他们甚至还善于运用他人的时间,善于通过提高他人的时间价值为自己创造财富。

——摘自斯坦福大学公开课

第二章

富人和穷人的核心差别——时间差

现实生活中,绝大部分人理解的财富是以"实物"存在的,比如房子、钞票、车子、金银首饰等,但他们没有理解这些财富之所以有价值的核心原因,没有去探寻财富"载体"的含义,这也就必然导致在这个世界上,富人总是极少数。而财富的"载体"就是时间。

任何财富价值都是靠时间兑换的

有些人通过继承财富或权力成为富人,有些人通过自己的努力成为富人。有些人因为没有背景又不够智慧而成为穷人,有些人虽有所继承但挥霍之后也沦为穷人。

通过自我努力成功积累财富的富人,和穷人之间的差别主要体现在以下方面:

这类富人单位时间创造的价值比穷人要高很多,可能是100∶1,也可能是1000∶1,甚至10000∶1或更高的比例。

这类富人用于创造财富的时间很多,或曾经用于创造财富的时间很多,他们可能一天用12个甚至16个小时创造财富,而穷人看上去每天上班8小时,实际上只有4小时或更少的时间在创造价值。

当这类富人贴近了游戏资源,能够影响或制定游戏规则时,他们就能够无偿占有或低成本占有别人创造财富的时间,进而占有别人创造的财富价值,而穷人则不能占有或反而被占有。

不管A有多穷,B有多富,有一点是肯定的,任何财富价值都是靠时间堆积出来的,财富占有者不是用自己的时间去兑换财富,就是用别人的时间去兑换财富。

1.成为时间的守财奴

一切善于投资的成功人士都是那些时间观念强、善于运用时间、做好计划安排的人。他们绝不会在不能给自己带来好处的人和事上浪费一分一秒,他们总是清楚自己下一步要做什么。

时间是每个人最珍贵的财富,只有高效迅捷、善于有效利用和管理自己时间的人,才能在有限的人生中获得最大的进步和突破。

荣恩是一家小书店的店主,他是一个十分爱惜时间的人。

一次,一位客人在他的书店里选书,他逗留了一个小时才指着一本书问店员:"这本书多少钱?"

店员看看书的标价说:"1美元。"

"什么,这么一本薄薄的小册子,要1美元。"那个客人惊呼起来,"能不能便宜一点?打个折吧。"

"对不起,先生,这本书就要1美元,没办法再打折了。"店员回答。

那个客人拿着书爱不释手,可还是觉得书太贵,于是问道:"请问荣恩先生在店里吗?"

"在,他在后面的办公室里忙着呢,你有什么事吗?"店员奇怪地看着那个客人。

客人说:"我想见一见荣恩先生。"

在客人的坚持下,店员只好把荣恩先生叫了出来。那位客人再次问:"请问荣恩先生,这本书的最低价格是多少钱?"

"1.5美元。"荣恩先生斩钉截铁地回答。

"什么?1.5美元!我没有听错吧,刚才你的店员明明说是1美元。"客人诧异地问道。

"没错,先生,刚才是1美元,但是你耽误了我的时间,这个损失远远大于1美元。"荣恩毫不犹豫地说。

那个客人脸上一副掩饰不住的尴尬表情,为了尽快结束这场谈话,他再次问道:"好吧,那么你现在最后一次告诉我这本书的最低价格吧。"

"2美元。"荣恩面不改色地回答。

"天哪！你这是做的什么生意，刚才你明明说是1.5美元。"

"是的，"荣恩依旧保持着冷静的表情，"刚才你耽误了我一点时间，而现在你耽误了我更多的时间。因此我被耽误的工作价值也在增加，远远不止2美元。"

那位客人再也说不出话来，他默默地拿出钱放在了柜台上，拿起书离开了书店。

荣恩先生既做成了这本书的买卖，又给那位客人上了一课，就是"时间财富"。一个人的成就取决于他的行动，而一个人的行动和他支配时间的能力是成正比的。如同巴尔扎克说："时间是人所拥有的全部财富，因为任何财富都是时间与行动化合之后的成果。"

让我们来看看巴尔扎克是如何惜时如命的。

深夜12点钟，当巴黎的居民进入梦乡时，巴尔扎克紧紧地拉上窗帘，在桌上点起蜡烛，开始工作，并连续写作五六个小时。

凌晨时分，他稍停片刻，喝下浓浓的咖啡，振作一下精神，又继续写下去。

上午8点钟，他休息一会儿，洗个热水澡，然后处理日常事务，接待印刷商、出版商。9点钟，他又坐回到工作室，修改文章校样，有时候大段大段地重写。这样，他一直工作到下午5点钟。

晚上8点钟，当别人去寻欢作乐的时候，他跳上床，睡上三四个小时，然后便开始新的工作。

对于巴尔扎克来说，没有什么东西能比时间珍贵。在20多年的创作生活中，巴尔扎克每天工作十五六个小时，以惊人的速度，一本接一本地写出了大量的优秀作品，其中如《幻灭》、《农民》、《贝姨》、《欧也妮·葛朗台》、《高老头》等，都是世界文学史上不朽的篇章。巴尔扎克给自己的作品起了一个总名叫《人间喜剧》，这部包罗万象的巨著，可以说是法国社会，特别是19世纪巴黎"上流社会"的历史，它既是封建社会的没落衰亡史，也是资产阶级的罪恶发家史。

正是巴尔扎克把时间当作自己的全部财富、全部资本,不肯虚掷一刻,才成为了世界级的文学巨匠。

在我们每个人出生时,世界送给我们最好的礼物就是时间。不论对穷人还是富人,这份礼物是如此公平:一天24小时,我们每一个人都用它来投资经营自己的生命。

人与人之间的最大区别就在于怎样利用时间。善于管理时间的人,能把一分钟变成两分钟,一小时变成两小时,一天变成两天,能用有限的时间做很多的事,最终换来了成功。而不懂得管理时间的人,就只能任光阴虚度,坐拥失败和平庸。

人们定下了目标之后,比如说赚大钱——接下来他们最关心的就是如何达成目标。可是一段时间以后,当他们遇到了瓶颈,就会自我宽慰:"何必搞得那么辛苦,赚这么多钱干嘛呀?"一开始就不知道自己为何赚大钱,一旦遇到困难,就会选择放弃。

行为科学研究的结论表明,人不会持续地去做自己都不知道为什么要去做的事情。其实"为何"常常比"如何"来得更重要。

想象一下自己60岁退休的时候,我们会有什么样的成就?我们的同事、朋友、家人,会怎样评价自己?

想象一下,离开人世的时候,我们又会有什么成就?人们会怎样评价自己?

或者想象一下自己离开这个世界10年以后、50年以后、100年以后,人们还会不会记得自己,人们又会怎样评价自己?

……

请记住,这些问题的答案里面,蕴藏着我们人生的意义,有我们人生终极的目标,有我们真正的梦想。

找到梦想之后,接下来就是,如何将梦想变成一个个具有可操作性的目标。

TIPS:在你心中是否画得出十年后的你?

20岁以前

大部分的人是相同的,升学读书升学读书……建立自己的基础。在父母亲友、社会价值观影响及误打误撞的情况下完成基本教育。

选择读书,应该一鼓作气,在你尚未进入社会时,能读多高就多高。

一旦你已经有工作经验而又有心进修,虽然渠道很多,但相对挣扎也多。

因为你不知现在的年纪、条件、资历……再去做这样的投资是否值得。

如果,你认定一辈子要当上班族,学历对你而言相信是很重要的,因为时间宝贵,不容许你再走错路,你就可以义无反顾地去读书。

20~25岁

你要懂得掌握与规划自己的未来,决定了就是一条无悔的不归路。

这时候的你,是喜悦、矛盾与痛苦交战,喜悦来自于开始被赋予一些自主权,矛盾来自于与父母割不断的脐带关系,痛苦的是开始要尝试错误。

你要开始为自己的未来规划,如升学、就业、感情……拿回自己对人生的主控权,而非一直受人左右去摇摆自己的未来。学会人际关系,多认识积极的朋友,十年后这些朋友都将是产业的中坚。

25~30岁

你像一块海绵,努力吸收也甘心被压榨,为的只是自我的成长。

这时候的你,应有工作取向,薪水待遇,升迁调职……唯有努力付出,你才敢积极争取,社会新人的动力应该让你冲出自己的一片天,也正因为没有经验,所以不会被挫折轻易击败。

因为资源不多,所以一切尽人事,听天命。现在的你:领取别人的薪水,学习别人的经验,付出自己的青春,建构自己的未来。

学会累积经验,接触机会,良师益友的提携更是提升你成长的大利器。

30～35岁

你要学习判断机会、掌握机会,不能再有尝试错误的心态。这时候的你,应有事业取向和家庭取向,工作应该从体力转换为脑力。

你应该看到的是远景,而非现况,面对的是宽广人生,而非局限于自我。

结婚是许多人第一次面临人生的重大抉择,面对婚姻,很多人以为结婚就是一个责任的结束,殊不知正是学习的开始。

一个经营不好家庭的人,纵使赚到全世界,他得到的也只是表面的掌声,他人生的这个圆,永远都有一个缺口。家应该是你最大的精神支柱、动力来源和坚强后盾。

35～40岁

你要转化心境,用头脑去工作,不要用身体去工作。这时候的你,工作只是一种休闲,也可转化为对他人的责任。

如果你是企业主管,你应该不只停留在斤斤计较上,你应该有能力主导周遭的员工、家人,带领他们享受更好的生活。做一个有影响力的人,而非被影响的人。

另外,太多人在等生命中的贵人,聪明如你,何不先从帮助他人开始——伸出你的手,在他们需要的时候!

2.把自己做的无用功降低到最低点

有时候你会觉得,你也意识到了时间的重要性,你也有明确的目标,并且为之很努力了,但还是收效甚微。

原因何在呢？你应该反思一下，你每天努力的事情究竟有多大的意义？

举个例子，一个早上刚刚开始工作的销售员，打开客户记录，整个上午都没有打出去一个电话，按照工作安排，他应该在上午给十多个客户打回访电话的，然而整个上午他都在翻阅资料、收集信息，中间上过几次厕所，喝过几次水，和同事聊天，也打过几通电话，不过那些电话都是鸡皮蒜皮的小事，很快就到了午饭的时间，他决定把给客户打电话的工作挪到下午，即便他知道会议和制作提案已经占满了整个下午的行程。快下班的时候，他忙着整理会议记录，上交当日的工作报表，等做完这些，办公室的同事已经收拾东西准备下班了。在最后关上电脑准备离开办公室的那一刻，给客户的电话依然没有打，因为已经"没有时间"了——他要下班了，那些工作需要留给明天。

如果你能有意识地把自己做的无用功降低到最低点，那么，你的这一生肯定会更有意义。下面的建议不是万能的"灵丹妙药"，但可以给你"少做无用功"提供一些有益的参考：

(1)知道每件事要达到的目的再去做

我们清楚地知道，吃饭是为了不饿，喝水是为了不渴，睡觉是为了不困，但很多时候不知道工作是为了什么。别人说做什么就做什么，别人说怎么做就怎么做，从来不去思考为什么要这么做。因为目的不明确，所以做了很多费力不讨好的事情。

一个工程施工中，师傅正在紧张地工作着，徒弟在旁边学习。这时，师傅对徒弟说："去，给我拿一个改锥来，我要……"还没等师傅说完，徒弟一溜烟就去了工具间。

师傅等啊，等，过了很久，徒弟气喘吁吁地回来了，拿着一个大号的改锥，说："改锥真不好找啊！"

师傅一看，型号不对，生气地说："谁让你拿这么大的改锥？"徒弟很委屈，心想：我又不知道你要改锥干什么，这难道不是一把改锥吗？害得我白白跑一趟。"再去拿把小的来!我要固定这个螺丝钉!"师傅一边说,一边把小小的螺丝钉递给徒弟看,徒弟只得再跑一趟。

想想,我们的工作中是否也经常出现这样的情景?老板让你写个材料,你辛辛苦苦完成后交给他,他却告诉你,不是他想要的;同事邀你一起去参加一个会议,花了一整天的时间,你却发现这个会议跟你毫无关系。

其实,一件事有很多种做法,目的不同,做法也不相同。这个徒弟跑来跑去,做事讲究速度,却毫无效果。如果他在拿改锥前,先听师傅把事情说完,或者自己主动问师傅需要多大的改锥,用作什么,那么,他就不会多跑一次了。要知道,高效率的无用功,比低效率的有用功更可怕。

一件事,我们只有明白了为什么去做,才知道如何高效地把它做好。

(2)第一次就把工作做好

你经常会碰到一些别人让你去做而你又不感兴趣的事,也经常碰到你需要去做但又没有时间或懒得去做的事情。对于这些事,你经常会先凑合地做着,遇到问题也会放一放,希望哪一天自己有了兴趣、灵感和时间的时候再去做,或者等别人发现了其中的不妥,再去修改和完善。而实际上,等你再次面对这类问题的时候,你却发现自己还是跟以前一样没有兴趣和时间,而且更是没有了开始做的心境。

做事千万不要敷衍,要么不做,要么第一次就尽量把它做好。

海峰办公室的复印机总是卡纸,老板让他找人修理一下。经过修理人员的检查,发现原来是搓纸轮老化造成的。修理人员更换新的搓纸轮后,复印机可以正常运转了,但修理人员发现复印机的定影器也有点问题,问海峰是否需要更换一个新的。

海峰认为既然复印机现在已经修好了,也就没必要再动别的零件,再说自己下午还有别的事要办呢,哪有时间陪他们修这个。他心想,等有了问题再说吧!于是就打发修理人员快走。修理人员走时,对他说:"现在不换,过一两个月后你还是得换!"

一个月后,当老板复印一份重要文件的时候,发现复印机居然彻底不工作了。他大发雷霆,叫来海峰:"你是怎么办事的?上个月才修了一次,现在就不能用了!上次修的时候你彻底检查了吗?"

海峰想起了上次修理人员的提醒,觉得理亏,马上打电话让修理人员过来,可对方说太远,而且连续几天的工作都安排满了,如果他着急的话,只能他自己把机器拖过去才行。海峰只得灰头土脸地找出租车,找人搬机器……

第一次能解决的问题,他没有重视,非要等到问题出现了再去解决,最后不仅累了自己,还给领导留下了个"做事靠不住"的印象,海峰真是后悔不已。

如此看来,第一次就把事情做好也是一种智慧。无论是学习,还是工作,第一次把事情做对,代价最小,收效最大。所以,在工作中,你应该时刻这样提醒自己:能做到最好就不要做到差不多!

或许你会说,我又不是神仙,怎么可能保证第一次就把事情做好呢?工作中怎么可能不容许一点误差或差错呢?确实,人非圣贤,在工作中难免会有一些错误,一些过失,这里说的"第一次就把事情做好"是指一种追求精益求精的工作态度,一种力求完美的工作态度。一个人如果在做事前就抱着"犯点错没关系","有误差是很正常的","等有了问题再说"的态度,那么他绝对做不好一件事。

(3)再忙也要留出思考的时间

因为太忙,所以没时间思考,殊不知,越是缺乏思考,越是让你忙碌。有时候,一个小时的思考可能胜过你一个礼拜的忙碌。

思考能帮助你从无效走向有效,从有效走向高效。在工作之前,你需要思考的是:哪些事情值得做?应该如何做?什么时候做?

不经过思考和调查而盲目行动,很容易做无用功,对于不喜欢思考的人来说,"忙"不是为了完成该做的事,而仅仅是一种习惯。

很多忙"上瘾"的人,做事总喜欢"先做了再说吧"!等做出来后,却发现所花的心思毫无用处,于是又"先放着再说吧"!放的时间长了就将这件事忘记了,这其实是对自己的劳动成果不尊重的一种表现。

因此,千万不能拿忙碌作为不思考的借口,越忙越要抽空思考。你会发现,一个小时的停步思考,可能会比一整天无头苍蝇般地乱撞乱转有用得多。不妨放下手中的事情,找个安静的地方,看看夕阳,喝喝咖啡,沉淀自我,好好地思考一下手头的事情!

(4)从不喜欢的事情做起,把时间花在刀刃上

苏格拉底说:"当许多人在一条路上徘徊不前时,他们不得不让开一条大路,让那珍惜时间的人赶到他们的前面去。"

在实际生活中也是如此,在时间的支配和管理上,当我们遇到了"徘徊不前"的情况,就要学会"换位思考","反向行动"。

第一步:从不喜欢的事情做起。

大部分人做事都是从易到难,从喜欢的事情做起,但恰恰喜欢做的事情一般都阻碍工作进展,是效率最大的杀手。不愿意做某件事情的借口往往是没什么兴趣,真实的原因是自己没有能力在当前把事情做好,这就形成了一种循环,因为不擅长或者没有自信心,所以拖延着不做,而拖延着不做就会让自己处于急于逃避或者应付了事的状态中,并没有从根本上深入理解工作本身,因此也无法提高自身的能力,最终变得越来越不喜欢应该做的事情。在良性的循环里,因为不擅长或者自身的能力无法达到,所以总是花时间想办法钻研学习,慢慢掌握一些要领,使工作变得顺利起来,慢慢培养出了兴趣,在工作中也发现了乐趣,不喜欢的事情慢慢就喜欢起来。

每个人都习惯避免做自己不擅长的事情,结果使得这一方面的能力愈加弱化,并且在心里形成一种惯性思维——"我没兴趣,也做不好,我并不喜欢做这件事情。"结果越来越不喜欢去做它。

很少有人对分派下来的工作会兴奋得两眼发光,除非他是工作狂,而且分配下来的工作又是他最擅长且最喜欢做的。这时候我们就要面对一个问题，如何完成一项枯燥、自己又没有把握的工作呢？譬如说这项工作需要8个小时才能完成，如何在8个小时里不被随时而来的干扰或者欲望打断，最好的方法就是把时间分段。一般人注意力集中的时间都不长，5～6岁的儿童持续时间为10分钟，7～8岁的儿童是15分钟，上小学的孩子则是20～30分钟，成年人也只有30分钟左右，学校设置每节课的时间也不过45分钟，所以长时间地集中注意力是一个普遍的难题，更何况自己毫无兴趣的事情。

对于一般人来说，专注某件事情长达一个小时是非常困难的，15分钟就不会那么艰难了，尝试以15分钟为段，如果做到了，就对自己说："看起来做得不错，不妨再做15分钟。"乘着自己在状态再接再厉，半小时就过去了。原本事情是没有喜欢或者不喜欢之分，而是我们对事情的感觉让它有了这一层的定义，任何事情一旦着手，想象的感觉就消失了，不管你多害怕它，或者认为它多么讨厌，当沉静下来投入到工作中时，不好的感觉就不存在了，工作就是要找到"我在"的状态。

每天从最不喜欢的事情开始做起，坚持做完它，然后做第二件事情，一直做到最后一件才开始做你喜欢的事情。从心理上最困难的入手，在中途不要跳到那些你喜欢做的事情上去，这是一种强化训练，坚持下去，强化的效果会越来越大，最终你觉得你有力量完成任何事情。

刚刚晋升为销售部经理的张蓓每天做的第一件事情就是给那些难啃的顾客打电话，或者直接登门拜访。刚进公司的她可不是这样的，销售菜鸟的她每天都在为给陌生顾客打电话头痛不已，所以总是拖拖拉拉，做一些杂七杂八的事情来逃避，一个月下来，人事部主管找她谈话时委婉地提出了辞退她的想法，张蓓这个时候才意识到自己在试用期的表现并不好，面临着丢掉工作的危险。

谈话后的第二天早上开始工作，她就直接给顾客打电话，因为技巧并不好所以被顾客拒绝的频率很高，一个上午下来，她反而比以前轻松，比起以往整天想着联络顾客而未能付诸行动的恐惧，顾客直接的回绝虽然让人沮丧，但内心并没有那么大的负担。一个星期后，她成功地完成了一个订单，这也是她进入公司后第一笔销售业绩。和顾客打交道愈多，沟通的技巧也愈加成熟，慢慢地形成了一早就预约和拜访顾客的工作习惯，随着业绩上升很快她就荣升为销售部经理。

主动选择面对自己不喜欢的事情——因为把它排除掉后，你就可以开始做愉快的那一部分工作，这让你更愿意投入到工作中，并且有着快乐的体验，从而有效控制了拖拉。从不喜欢的事情做起让你工作时更有力量，也更加投入，进而慢慢改变你对工作的看法和态度。

对于足球选手来说，日常训练中的仰卧起坐是最无聊、最枯燥的，却是每日必须训练的一项，那些优秀的运动员往往优先做这一项，事实上它很快就会过去，他们也可以享受接下来所有的训练活动，这点小改变对整个训练的感觉产生了很大的不同，而那些平庸的运动员不得不整天都在担心，因为他们把这一项留了最后，从而使整个训练都充满了压力和焦虑。

哲学上有个比喻："天下有两种吃葡萄的人。一串葡萄到手，一种人挑最好的先吃，另一种人把最好的留在最后吃。"第一种人是很不开心的，因为接下来每吃一颗都要比上一颗味道差，这就像吃惯山珍海味的人是没办法习惯吃粗茶淡饭的，吃了最甜的水果，接下来无论吃多甜的食物，都是不甜的，做完最喜欢的事情，接下来每件事情都是让人生厌的；第二种人是快乐的，因为他吃了最难吃的葡萄，接下来每一颗葡萄的味道都比上一个要好，从最不喜欢的事做起，接下来无论做什么事情，都充满了乐趣，所以接下来他吃每颗葡萄都是欢天喜地的。

第二步：掌握到"重要的少数"，那"琐碎的多数"反而容易达成。

80/20法则一直在企业管理界被奉为圭臬，它是按事情的重要程度编排、行使优先次序的准则，是建立在"重要的少数与琐碎的多数"原理的基础上。这个原理是由意大利经济学家兼社会学家维弗利度·帕累托所提出的，也被称为帕累托定律。

在任何特定群体中,重要的因子通常只占少数,而不重要的因子则占多数,因此只要能控制具有重要性的少数因子即能控制全局,80%的结果源于20%的原因,80%的成果来自20%的时间,80%的公司收入来自20%的产品和客户,80%的销售业绩来自20%的销售员。

对于那些一周需要工作七天,每天忙碌15个小时的人来说,认识到这样的一个原则尤为重要,首先要思考的是到底是哪20%的原因造成80%的问题?到底是哪20%的原因带来了80%的成果?高效的精要之处就是要从生活的深层去探索,找出可以达到80%目标的关键20%,然后集中精力致力于解决它。

每天我们要做的事情都很多,主动的、被动的、原计划的、突然冒出来的,因此有必要把各项工作任务记录下来,然后进行优先排序,记住一定要从最重要的事情,也就是排序第一的事情开始,那是一天最核心的事情,别的事情可以缓置一下,但那件事情绝对是当务之急。一个人的时间和精力都是非常有限的,要想真正"做好每一件事情"几乎是不可能的,要学会合理分配我们的时间和精力,想面面俱到还不如重点突破。

在日常生活中,要兼顾所有的事情是不可能的。

事实上每个人都有很多的愿望,但是有限的精力和时间决定了选择实现其中一部分,就意味着要舍弃一部分,否则所列出的愿望都会落空。想要精通各项专业,或者说实现每个愿望,只会让我们在诸多领域毫无建树。过多的愿望只会让时间和精力分散而没有重心,反而只能流于梦想层面。

许多人疲于奔命,穷于应付每一件他们"认为重要"的事情,究其原因,他们没有找到那20%的要事是什么。

项目经理王凯,最近因为工作进展缓慢愁眉不展,此前他是公司最优秀的程序员,编写程序就是他的拿手好戏,升职后他依然把大部分时间用在程序开发上,常常因为技术问题和下属发生争执,管理其他几个下属也是有心无力。升职后的王凯，其工作职能发生了很大的变化，最重要的事情不是编写程序，而是对整个项目进程负责。王凯需要直接对客户负责，他不再是单纯地提供产品和服务，而是激励下属发挥各自的优势，在最大程度上让顾客满意，因此调动下属的积极性成为他的另一要务。一个有成效的项目经理应该把时间都花在如何协助下属解决问题，并且适当地提供相应的支持和帮助上。

从某一环节跳出来，着眼于大局，把时间花在刀刃上，掌握到"重要的少数"，那"琐碎的多数"反而容易达成。

3.战胜拖延，行动才能克服畏惧

你有没有想过自己到底在拖延什么？你觉得自己吃得总是很多，美食的诱惑令你欲罢不能，你总是说吃完这顿再说吧。你可否想过，如果一直这样下去，你的身材将变得愈加臃肿，你会被路人指点，你也许因此失去心爱的恋人，你甚至连公共汽车的座位都挤不进去；你经常对自己的工作拖拉，你可能觉得这样得过且过比较轻松，可事实上你不知道你正面临失业的危险，你将来会穷苦潦倒，更谈不上创造一番事业……

有一位记者将拖延的行为生动地比喻为"追赶昨天的艺术"，拖延同时也是"逃避今天的法宝"。有些事情你的确想做，绝非别人要求你做，尽管你想，但却总是拖延下去。你不去做现在可以做的事情，却想着将来某个时间来做，这样你就可以避免马上采取行动，同时你安慰自己并没有真正放弃决心。如果我没猜错的话，你会跟自己说："我知道我要做这件事，可是我也许会做不好或不愿意现在就做。应该准备好再做，于是，我当然可以心安理得了。"每当你需要完成某个艰苦的工作时，你都可以求助于这种所谓的"拖延法宝"。

拖延自己的时间，往往有1/3的原因是自我欺骗，另外2/3是逃避现

实。之所以坚持自己这样的拖延行为,还因为你自己从其中得到了一些"好处":

通过拖延,你显然可以不去做那些令自己感到头疼的事,有些事情你害怕去做,有些事情你想做又害怕行动。

欺骗自己的各种理由让你心安理得,因为你觉得自己还是个实干家,也许就是慢一点的实干家。

只要能一拖再拖,你就可以永远保持现状,无须力求改进,也不必承担任何随之而来的风险。

你厌倦生活,你抱怨说是其他人或一些琐事让你情绪消沉,这样你便轻松摆脱责任,并且推卸给客观环境。

你通过拖延时间,让自己在最短的时间内完成工作,如果做得不好,你会说:"我时间不够!"

你找借口不做任何没把握的事情以避免失败,这样你觉得自己还真不是个低能的人。

……

你和社会上千万人一样像草木般活着,遇到任何紧急事都不当机立断,任其耽误下去。许多男女过着单身的孤单生活,就是因为他们在应该结婚的时候没有决断,错过了一次次的机会,因而耽误下来。现在,你已经感到拖延实在是个恶魔,这个恶魔真的那么难以对付?

日本松下集团的创始人松下幸之助就是一个从不找借口拖延的人,他对自己如此,对员工也是同样的要求。他不允许下属为工作上的失误找各种理由,要求他们承认自己的错误,发现工作上的问题。这样做使得整个松下集团从上到下都很少有找借口拖延的风气,所以他们成为日本的精英企业并不为奇。

松下幸之助曾经以一段话强调行动与成功的关联性,他说:"如果抱有'无论如何就是想爬到二楼'的热忱,也许会想到必须先拥有一把梯子。但是,只是觉得'想上去看看'而已,就不会想到要有梯子这回事。如果是到了'无论如何就是想爬上去,唯一目的就是到二楼'这种程度的热忱时,应该已经去搬梯子了吧!"

所以,想要获得幸运的成功契机,我们现在该思考的,不是我们拥有的梦想是什么,而是我们应该如何去实现我们的梦想才对。

深夜,一个危重病人迎来了他生命中的最后一分钟,死神如期来到了他的身边。在此之前,死神的形象在他脑海中几次闪过,他对死神说:"再给我一分钟好么?"

死神回答:"你要一分钟干什么?"

他说:"我想利用这一分钟看一看天,看一看地,我想利用这一分钟想一想我的朋友和我的亲人。如果运气好的话,我还可以看到一朵绽开的花。"

死神说:"你的想法不错,但我不能答应。这一切都留了足够的时间让你去欣赏,你却没有像现在这样去珍惜,你看一下这份账单:在60年的生命中,你有1/3的时间在睡觉;剩下的30多年里你经常拖延时间;曾经感叹时间太慢的次数达到了10000次,平均每天一次。上学时,你拖延完成家庭作业;成人后,你抽烟、喝酒、看电视,虚掷光阴。

"我把你的时间明细账罗列如下:做事拖延的时间从青年到老年共耗去了36500个小时,折合1520天。做事有头无尾、马马虎虎,使得事情不断地要重做,浪费了大约300多天。因为无所事事,你经常发呆;你经常埋怨、责怪别人,找借口,找理由,推卸责任;你利用工作时间和同事侃大山,把工作丢到了一旁毫无顾忌;工作时间呼呼大睡,你还和无聊的人煲电话粥;你参加了无数次无所用心、懒散昏睡的会议,这使你的睡眠远远超出了20年;你也组织了许多类似的无聊会议,使更多的人和你一样睡眠超标;还……"

说到这里,这个危重病人就断了气。

死神叹了口气说:"如果你活着的时候能节约一分钟的话,你就能听完我给你记下的账单了。哎,真可惜,世人怎么都是这样,还等不到我动手就后悔死了。"

想想看,拖延真的是浪费时间、浪费生命的最好办法。

回忆一下你的生活:

星期一早晨,你为起床感到费劲,你觉得这对你来说太困难了;

你的洗衣机里已经塞不下你的脏衣服了;

你明知道你染上了一些恶习,例如抽烟、喝酒,而又不愿改掉,你常常跟自己说:"我要是愿意的话,肯定可以戒掉。"

老板布置的工作,你觉得可能做不完,或是今天太疲劳了,不如明天早上来了再做,那时可能精神更好;每当接受新的工作时,你总是感到身体疲惫;

你想做点体力活,如打扫房间、清理门窗、修剪草坪等等,可是你却迟迟没有行动,你总有各种各样的原因不去做,诸如工作繁忙、身体很累、要看电视等等;

你曾经由于迟迟不敢表白,而让心爱的女子成了别人的妻子,自己总是暗暗伤怀;

你希望一辈子住在一个地方,你不愿意搬走,新的环境会让你头疼;

总是制定健身计划,可你从不付诸行动,"我该跑步了……从下周一开始……"

你答应要带你的宝贝去公园玩,可是一个月过去了,由于各种原因,你还是没有履行诺言,你的孩子对你已经失望至极;

你很羡慕朋友们去海边旅行,你自己也有能力去,但总是因为这样那样的借口而一拖再拖。

对于像你这样喜欢拖延的人来说,常把"或许"、"希望"、"但愿"作为心理支撑的系统,而你所谓的"希望"、"但愿"简直是希腊神话,浪费时间的借口俯拾即是。无论你如何"希望"或是"但愿",很显然,你只不过在为自己的拖延寻找借口罢了。

我常常会听人说:

"我希望问题会得到解决。"

"但愿情况会好一些。"

"或许明天会比较顺利。"

……

事实上,你的情况有所好转么?你依旧是给自己找到可以逃避痛苦的借口罢了。你这是在欺骗自己,不要再煞费苦心地寻找拖延的理由了,你要知道,生命对于我们而言总是有限的。

拖延会让你变成一个厌倦生活的人。事实上,生活永远不会令人百无聊赖,但是现实生活中,很多人总感到无聊和厌倦,这很大程度上是因为你未能积极有效地利用自己现在的时间。拖延时间的人往往虚度光阴,无所事事,这样的生活状态必然会让你感到厌倦。

在一个理想的世界里,我们可以准时地按照计划去做事情,我们能够把已经制定好的计划,完美地执行下来。但是,在现实世界中,这一切都变得很难。纸上谈兵确实很容易,谁都可以做出一个很好的计划,但是,真正要我们去做了,各种各样的理由从我们脑中产生,周围的诱惑干扰也被无形地放大,我们开始畏惧,不敢去做,种种借口让我们把本该昨天就完成的任务拖延到了今天,此刻的我们还在忙着寻找和编织着下一个借口。

难道说拖延真的不能被战胜吗?我们为何要输给自己呢?

拖延的产生,从本质上来说就是我们不喜欢做不感兴趣的事情,所以想要延迟痛苦;另一方面,我们做的事情可能需要很长时间才能看到成果,导致我们迟迟不愿开始。与拖延的战斗,其实就是与自身懒惰的习性相抗衡,我们要养成立即行动的习惯,才能克服拖延的困扰,让好习惯代替坏习惯。

以下是总结的10个战胜拖延的技巧方法。

(1)比较法——让自己从心理上接受

拖延其实就是一种自我欺骗。我们人性生来懒惰,如果有一个舒服温暖的被窝,是不会愿意起身去寒冷的户外的。从远古以来,我们人类就有一个自我保护的功能,即远离有害的,趋向有利的,这样可以使我们能够更好地存活在恶劣的环境中,这是我们大脑的一个固有机制。那么,拖延的产生本质也与这个有关,我们更希望去做简单的快乐的事情,而不是做令我们痛苦的工作。

比较法,其实就是欺骗自己的大脑。这种方法就是,在你的任务列表里挑一个比你此时不想做的任务A更容易的任务B,然后告诉自己,A和B此时必须完成一个,你可以自己挑选。那么,作为大脑,肯定觉得B比较容易,所以就去做B吧。事实上,可能还有任务C、D、E比B更容易做。

这样,我们就成功地欺骗了自己,让自己在心理上感到不再畏惧,就能立即去行动。同理,我们可以找一个比A更难的任务S,这样我们也就有理由去做A了。

这是一个自欺欺人的方法,不过很有效果。

(2)切断干扰源——让自己更加专注

在我们的生活中有很多干扰源,例如手机、电脑、网络等,当我们想要专心做一件事情的时候,尤其是在做一件很想拖延到明天的事情时,一个他人的短信也许就可以让我们转移注意力,去干其他事情,甚至很难再回到最初的状态。我们要做的就是简化周围所有的干扰源,把所有认为可能会打断我们专注状态的东西全部通通切断。

一位作家,在写文章的时候,就会断开网络连接,把手机调到静音,找一个独处的环境开始写作,直到写完。这种保持专注的状态很重要,本来磨磨蹭蹭要2个小时做完的事情,可能不到一个小时就搞定了。节省的时间可以用来彻底放松,这样既完成了任务,又可以好好休息。

(3)禁止多任务操作——变得简单高效

虽然说我们的大脑是多任务操作系统,我们可以一边唱歌一边洗澡,一边听音乐一边做饭,但有的时候,单线程工作可以让我们保持高度的注意力,让我们更快地完成任务,从而减少拖延的次数,培养立即完成的好习惯。

(4)不要追求完美——给自己一个低的起点

有的时候由于我们追求完美的心理在作怪，导致我们还没有开始做一件事情就已经在为各种可能出现的问题而焦虑，结果是我们迟迟不敢开始着手去做，使得任务一再被拖延下去。

事实上，我们可以给自己定一个很低的起点，例如要达到一口气做200个俯卧撑，那么我们可以第一天只做10个，第二天增加到15个。这样，起点很低，我们就更愿意相信自己能够做完并且不会痛苦，也就敢于开始，而不是只停留在幻想的阶段。

我们所拖延的大多数任务，都是因为我们把它们想得太难了，太痛苦了，当我们把起点放低，我们就会立即去做。

(5)坚信自己的实力——永远不要失去自信

很多人会整日告诉他人"你不行，你不可能做到，你的想法很愚蠢"。这种人不知道抹杀了多少怀有梦想的人，将他人彩色的世界变得灰暗无助。如果你相信自己，就要忽视那些弱者的话，他们说你不行是因为他们自己也没有做到。

其实，我们每个人的心中都有这种人的存在，当我们面对困难时，会有一种声音告诉我们"你不行，你不可能做到，这件事很难很痛苦"。如果是一个真实的人，我们也许会愤怒地告诉他"我能"！但是，如果换作自己呢？我们又有多少勇气战胜自己内心的怯懦呢？

正是有了这些弱者的声音，才使得我们动摇了坚定的信念，曾经有多少可以改变世界的想法拖延至今。

解决方法只有一个——那就是现在开始去做，一旦你开始了，就无所畏惧。

(6)等待他人是可笑的——真正靠得住的人只有自己

有的时候能够完成任务的真正途径只有一个，那就是自己去做。我们永远不要有托付给别人的想法，因为这是非常不可靠的，即使这个人准确得像时钟一样,它也有电池用完停下来的一天。我们有的时候指望别人能够做某件事情,还不如自己去做,虽然痛苦点,但是我们可以掌握工作的进度,而不是想法设法地去督促他人。

(7)创建拖延任务列表——即使拖延我们也要拖得很帅

好吧,如果我们确实战胜不了拖延的毛病,那么,我们为什么不利用这个坏习惯为我们服务呢?

给自己建立一个拖延任务列表,在这个列表里,罗列了很多我们平常没有时间去做的事情——比如学习园艺,看一本有意思的书等等。这些列表里面的东西都是很有意义而且令人不反感的小事,每当实在不想继续做一件事情时,可以打开拖延列表挑一件事情去做。

这样,既满足了你想要拖延的心理,又可以做平时没时间做的事情。有的时候,我们战胜不了拖延,那么为什么不换个角度,去享受它呢?

(8)拖延只是个想法——永远不要开始去实施

你的头脑会暗示正在减肥的你去吃那块蛋糕,或者暗示正在戒烟的你去接别人递来的香烟,或是暗示你将本该今天开始的任务拖延到明天。好吧,你真的有那么听话么?我们必须明确,当一个人有杀人动机的时候,并不代表他已经杀了那个人。同样的,当拖延的想法开始在脑海中盘旋的时候,我们要做的就是静静观望,而不是接受自己头脑的指示。佛家有个观点叫作观照,当我们内心滋生邪念的时候,需要静静坐在那里,然后以第三人称的视角观照自己的内心世界。一些不好的想法,就让它们慢慢消失,不要评判,不要妄动。当我们想要拖延时,告诉自己这只是个想法,我不会去做,因为一旦想法变成了现实就无法再更改。

(9)设定专注时间——让自己更加高效

当不想做某一件事情的时候,可给自己设定一个计时器,例如20分钟,告诉自己在这20分钟内必须专注于眼前的任务,没有任何借口推脱,直到闹铃响起。

当20分钟过后,休息5分钟,然后设定下一个20分钟。当给自己定下倒计时后,心理上我们会有急迫感,这样会促使我们更加集中注意力完成任务。当出现干扰的时候,看一下倒计时,暗示自己再坚持3分钟就结束了。

这种方法很有效,时间管理上就是将大的时间切分成小块时间,更易于我们去操作,是一种化整为零的思想。

(10)分解任务——开始行动的秘诀

再大的任务也可以分解成很多小的子任务,将每个子任务分配到自己的可用时间里面,当所有的子任务被完成,那么一个看似不可能的艰巨任务也就被搞定了。分解任务的精髓就是简化,将你想要拖延的任务分解开来,使它变成10个非常简单的子任务,你只需要先完成1个子任务,然后告诉自己,这个任务已经做完了1/10,我可以先休息一下,然后再开始下一个子任务。

这样,我们就能很快行动起来,而不是内心充满畏惧,从而一直拖延下去。

有效管理时间,做时间的主人

我们必须想方设法掌控好自己的工作时间。

当你在有限的工作时间内,将所有预定的工作全部做完而且井井有条,不再觉得有许多忙不完的事,不再觉得工作纷繁复杂,还需要经常加班加点,不再会遗忘某些重要事情,那么,恭喜你,你已经有效地掌控了自己的时间,成了时间的主人。

1.人生时间管理——在行动之前,先做计划

斯坦福大学的富翁们,往往在行动之前先做计划,他们有可能在一个月还未开始之前就已经做好了这个月的一切安排。

一个人只要能做出一天的计划、一个月的计划,并坚持原则按计划行事,那么在时间利用上,他就已经占据了自己都无法想象的优势。

如果今天没有为明天的任何事情做计划,那么明天将无法拥有任何成果;而如果你失去了精力,那么你将没办法把重要的任务做到尽善尽美。

(1)前天晚上就要做好计划

斯坦福大学这样告诫学员:"如果你每年去钓一次鱼,你也只能再去钓二十几次鱼了。"

生命图案就是由每一天拼凑而成的,成功者们往往从这样一个角度来看待每一天的生活,在它来临之际,或是在前一天晚上,把自己如何度过这一天的情形在头脑中过一遍,然后再迎接这一天的到来。有了一天的计划就能将一个人的注意力集中在"现在",只要能将注意力集中在"现在",那么未来的大目标就会更加清晰,因为未来是被"现在"创造出来的。

把每天的时间都安排、计划好,这对你的成功是很重要的,这样你就可以每时每刻集中精力处理要做的事。把一周、一个月、一年的时间安排好,也是同样重要的,这样做会给你一个整体方向,使你看到自己的宏图,有助于你达到目的。每个月开始,你可坐下来看本月的日历和本月主要任务计划表,然后把这些任务填入日历中,再定出一个计划进度表。

(2)还要保持充沛的精力

许多有巨大潜力的人们都只盯着他们的目标和计划,而不去管其他的小事,因为他们知道精力是需要保持和储蓄的。

快速行动就能全面生存,而旺盛的精力就是你快速行动的基础。

就像杰克·韦尔奇经常说的那样:"如果你的速度不是很快,而且不能适应变化,你将很脆弱。这对世界上每一个国家的每一个工商企业的每一个部门都是千真万确的。"

马克·吐温说过:"行动的秘诀,就在于把那些庞杂或棘手的任务,分割成一个个简单的小任务,然后从第一个开始下手。"

成功的人,并不能保证做对每一件事情,但是他永远有办法去做对最重要的事情,计划就是一个排列优先顺序的办法。他们都善于规划自己的人生,他们知道自己要实现哪些目标,并且拟订一个详细计划,把所有要做的事都列下来,并按照优先顺序排列,依照顺序来做。

当然,有的时候没有办法100%按照计划进行,但是,有了计划,便给一个人提供了做事的优先顺序,让他可以在固定的时间内,完成需要做的事情。

斯坦福大学说过:"不要轻易开始一天的活动,除非你在头脑里已经将它们一一落实。"

那些著名的富人,都非常重视自己的每一天的工作计划,因为只要做好了一天的计划,就能发挥自己的最大能力,制造惊奇。计划是为了提供一个按部就班的行动指南:确立可行的目标,拟定计划并订出执行行动,最后确认出你完成目标之后所能得到的回报。

他们总是一件事接着一件事去做,如果一件事没有完成,他是不会考虑去做第二件事的。凡事要有计划,有了计划再行动,成功的几率会大幅度提升。

(3)任何时候都不晚

很多时候,很多人都会抱怨,当自己发现什么是最重要的时候,已经晚了。然而当你觉得为时已晚的时候,恰恰是最早的时候。

安曼曾经在纽约港务局工作并担任工程师一职,他工作多年后按规定退休。开始的时候,他很是失落,但他很快就高兴起来了,因为他有了一个想法,他想创办一家自己的工程公司。

安曼开始踏踏实实地、一步一个脚印地实施着自己的计划,他设计的建筑遍布世界各地。在退休后的三十多年里,他实践着自己在工作中没有机会尝试的大胆和新奇的设计,不停地创造着一个又一个令世人瞩目的经典:埃塞俄比亚首都亚的斯亚贝巴机场,华盛顿杜勒斯机场,伊朗高速公路系统,宾夕法尼亚州匹兹堡市中心建筑群……

这些作品被当作大学建筑系和工程系教科书上常用的范例,也是安曼伟大梦想的见证。86岁的时候,他完成了最后一个作品——当时世界上最长的悬体公路桥——纽约韦拉扎诺海峡桥。

生活中,很多事情都是这样,如果你愿意开始,认清目标,打定主意去做一件事,永远不会晚。

2.时间是有成本的:累积铜板变黄金

人们往往对自己常见的东西最不珍惜,尤其是时间,但是世界上对我们每一个人最公平的就是时间,不管你是聪明还是愚笨,是高贵还是低下,时间对所有的人都是一样的,但同时正是因为时间是公平的,同时又是免费的,人们往往并不认为时间是有成本的,结果对时间并不珍惜。

很多人早上醒来之后,大脑中模糊地觉得今天有一个什么样的安排,但是没有变成一个很明细的计划,上班后什么事情找到头上来了就处理什么事情,于是总感觉一天的工作身不由己。

如果下班前询问上面这类人当天的工作内容,很多人说不出来这8个小时干了些什么事,如果让他回忆最近一个月的工作内容,很多人的脑海里一片空白,好像真正做事的时间也就那么一点点。这就说明了很多人并不能把自己的时间恰到好处地进行计划。

有人面对多项工作,心里也万分焦急,嘴里不断地念叨:"事情太多了,事情太多了,忙死了!"只是动口不动手,觉得拖了"初一",还有"十五"。他一会儿浏览一下新闻,一会儿在QQ上聊几句,一会儿看看手机信息,而需要做的事情却被搁置一旁。待到最后的一个晚上或最后一个下午,实在拖不过去了,才勉强应付过去。

不当的时间计划,使生活混乱无序,我们应该把该要做的事情统统条分缕析,然后排出时间计划,一件件地去做下去,相信事情总能一件件地完成。如同织毛衣,先织出袖子,再织出身子,然后再织出领子,最后一团团毛线就在两只手中变成了完整的成衣。

事实证明,一个效率低下的人与一个高效的人工作效率相差可达2~3倍,也可以是5~10倍。那么,不当的时间管理,就是造成工作效率相差明显的主要原因。

A与B是同一批进入大型建材企业的员工,短短5年后,两人的发展却有天壤之别。A已经晋升为企业规划处的处长并多次被评为企业的先进管理干部,B虽然工作兢兢业业,不分平时还是节假日总是加班加点地工作,是人称"以厂为家"的人,但他却难以在采购岗位上"突击"出来,原因就是工作缺少计划性,效率低不说,还经常遭到车间的投诉,因为他负责的采购材料经常到货不及时,耽误了生产,如果他不能改变现状,这个岗位恐怕马上就要换人了。

你愿意做效率低的人,还是效率高的人?

你的付出没有得到应有的回报,就应该考虑转变工作方式和方法。

每人都拥有1天24个小时,而在这24小时之内,不同人做不同的事情,效率不同,效果也随之不同,人便有了区别。

如何做好时间管理是上班族的一门大学问,但对企业管理者而言,"零碎的时间"管理,是更重要的课题,因为在工作执行的过程中,主管最主要的工作,对内是分配、指挥、协调部门同仁达成任务;对外,又必须面对客户、供货商的种种需求,主管的时间会不断被干扰与压缩,甚至影响自身原本的任务。

因此如果你身为管理者,学会不浪费时间这样的基本功是不够的,进一步,还得学会如何将破碎不堪的时间"化零为整",创造出具体的时间运用绩效。

(1)差旅是主管常见的时间漏洞

有些主管常常出差,差旅会将大量的完整时间切割得支离破碎,例如住旅馆,来回去机场,候机时间,如果运气不好再加上个班机延迟和转机耗费的时间,经理人总是抱怨,浪费在差旅的时间比办公事多得太多。但是企业需要主管出差往往基于逼不得已的理由,从具有建设性的层面思考,主管们应仔细规划出在飞机上、车上、旅馆中可以做哪些事。

在飞机上:可以阅读,草拟计划,追赶紧急但不需详细思考的工作进度。

在车上:如果自己开车,可以通过广播收听国际新闻,或运用录音的方式录下自己对当日工作的反省;若是不用自己开车,那就可以运用短暂的时间打电话,进行与客户、部属的联系工作。

在旅馆里:旅馆虽然软硬件设备不像办公室那样齐全,但是仍不失为一个简易的办公空间;除了工作之外,或许对某些经理人而言,运用在旅馆独处的时间看一本书,或是看一部电影,也就是把它转化成适当的休息时间,也是时间利用的好做法。

(2)移动时不要进行复杂的思考

如果是在一般零碎时间工作场域,例如通勤、往来开会中等身体处于"移动"的状态时,主管们第一步要做的,就是观察自己的"移动时间全貌",这样才能事先计划出移动时到底能有多少零碎时间可以加以运用。

也就是说,身体移动时因为思绪较浮动,所以并不适合拿来做详细的"规划性质"的工作,任何事一定要事先做准备,例如在前往拜访客户的途中,零碎时间是用来演练等一下要商谈的事情,并不是用来规划等一下要商谈的事。而在通车时想的也不应该是详细的工作计划,而是让脑袋净空,想些与创意有关的想法,当然,这个时候,创意与想法的保存就显得相当重要。想要保留突发奇想的点子,主管所需养成的习惯,就是善用便利贴、或是其他具有相同功能的科技工具(例如智能型手机)。主管可以在西装外套或是公文包内准备好笔跟便利贴,那么就可以随时记录,并贴到记事本上,如此一来就不需要再抄写一遍。当然,随着便利贴上零碎的点子愈记愈多,主管进一步可以做的是,运用小卡片来进行点子的分类管理,将收纳名片盒拿来放置这些卡片,并使用索引卷标搜寻。如此日积月累下来,零碎时间的运用自然因为这些工具而产生累积效果,等到哪天自己想要运用"关于什么点子的记录"时,就能发现聚沙成塔的威力。

(3)用有强动力的任务来改善你的工作效率

确定一个目标。

知道自己想要取得什么,才能够保持正确的方向。你在一生中取得什么样的成果?这一年你想达到什么样的目标?在接下来几个月中,你可以完成一个什么任务来靠近前面的两个目标?集中于这一个任务(中期目标),每个星期或者每天完成几小步来靠近它。如果你集中于太多的目标,你的能量就会被分散了。全力针对一个任务,你将有更多的能量。

评估任务列表。

花上几分钟思考这些在列表上的项目和行动,有哪些会帮助你接近设定的中期目标?有哪些会对你的生活产生改变?从而开始你的强动力的行动。

删除其余的项目。

除去有强动力的行动外,留在清单中的大部分项目只会浪费你的时间却不会得到多少回报,尽可能地删除或者委派这些剩余的项目,集中能量应付那些能获得最大回报的——强动力的行动。

集中于强动力的行动。

你已经知道这个行动的重要性了,所以你就应当集中去完成它。清除那些无谓的骚扰和分心,最先完成它,尽量在中餐之前完成它,这样就可以避免拖到第二天,而且你也有足够的时间去处理其他的事情。

加满油不断跑。

如果你已经在不断地完成这些强动力的行动,你就像一辆加满油的火车越来越接近你的梦想,你会为你的成功感到惊讶的。

保持记录记得回顾。

每当你完成了一个强有力的行动,你就应当记录下来。你可以写在一个小本子上,或者存在电脑中,在每个周末的时候,回顾你的进展。如果你认真执行这些行动,你将会有一份满意的清单,你也要再次确认你的中期目标,回顾现在是否还在正确的行动方向上。如果你是一个职员,与你的高管分享你完成的行动,他一定会对你留下更深的印象。总之,强动力的行动将会让你的事业更进一步。

TIPS:几个小技巧帮你打理时间

以下是一些具体的技巧,适用于每一个人。

早起:

如果你通常不是一个很早起床的人,请调早你的闹钟。在5:00—6:00起床有两个作用:首先,它给你一段在上课、工作或家人醒来前的安静时间;其次,它能建立一种成就感,这可以激励你度过一整天。

早操:

这并非绝对必要,但我发现用跑步或在房间里做几个俯卧撑来开始新的一天是另一种非常好的激励方法，而且30分钟的晨练可以赶走你身体里昏昏沉沉的感觉。

固定的任务清单：

在你开始这一天以前，写下所有你必须完成的任务。一旦你完成这项清单，也就完成了一天的工作，然后你就可以去做点真正想做的事情。有一个固定的工作目标可以让你更好地集中精力，类似"今天要工作一整天"这种想法反而会导致拖延。

隔离自己：

我们的大部分工作是靠个人完成的，这意味着，在"任务猎杀日"里，我们的社交活动几乎为零。为了可以集中精力而不分心，就做一天的隐士吧。锁上房间或办公室的大门，直到你解决掉清单上的所有任务为止。

断"线"：

电视、网络、Facebook、电话和即时通讯在这一天里都要保持离线。如果你实在需要互联网（比如：回电子邮件是工作清单的一部分），那么就专注于你的任务，别去做其他的，如果你沉溺于在网络到处闲逛，那就断线吧。

重要的工作优先：

关于如何组织你的工作这个问题，那就是大石头优先，也就是把要完成的最重要的任务放在一天的开始，而不是结束，这样，你就能把你的焦点放在当前最重要的任务上。当然这一条也有例外，但你得把它作为一项总原则来遵循。

没有中途休息：

在这一天中，任何形式的休息都应该尽量减少，尤其是任务当中的休息。只有当你完成清单上相当一部分的工作后，你才能站起来去喘口气。如果你的论文只写到一半，那就不要结束它。

休息最少化：

一天没有悠闲的咖啡时光不会杀了你,我们的原则是,大的任务之间有5分钟休息或花费20～30分钟来解决三餐都是可行的,但别到处闲晃,即使只有1小时,除非你已解决掉所有的项目,否则这会让你的一天以失败告终。

集中琐事:

集中你全部的琐事(扔垃圾、修门铰链、装订等),然后一次解决,这可以帮助你提高效率,因为它能减少工作流程的中断次数。

加快走路步伐:

在这一天里,对于你做的每件事,你都得专注并且有紧迫感。如果在任务间要拿点什么东西,加快走路步伐能提醒你还有一个重要的使命要完成:清空你的任务清单。如果需要通勤或开车,在这段时间里你可以放盘磁带来提醒自己:你没有时间能随意浪费。

加速:

一次承担所有任务并加速完成它们。通常,人们很难拒绝休息的诱惑,但一旦你进入状态,请竭尽所能来维持它。

放一天假:

在成功的处理完所有待办事项的一天后,给自己放天假。这可以帮助你在经历了一整天疲劳的工作后恢复精力,即使你第二天什么都不做,前几天的超前工作也可以弥补。花一些时间与你的家人相处——经过了三倍效率的一天,你值得拥有这些!

3.把握机会是聚集生命放射出的光华

在人生的道路上,每个人都被机会包围着,但是机会只是在它们被看见时才存在,而且只有在被寻找时才会被发现。善于抓住时机、快速行动的人,到处是良机;不善驾驭的人,即使良机到来也会错过。学会把握时机,是顺利度过人生的一大课题。

毫不犹豫,抓住机会

哲人说:"把握机会是聚集生命放射出的光华。"抓住机会,才能成功。人生中往往有许多机会会降临在你身边,只要你抓住了你就会有成功的希望。

一个乞丐头发凌乱,左臂断着,右手拿一个破碗走向一家去乞讨,他不断地说着自己的身世多么地悲惨,又说自己很多天没有东西下肚,饥饿已经快要夺去他的性命了。

"请给一些饭菜。"乞丐可怜兮兮地乞求这家的妇人。

妇人听完什么都没有做,只说:"你想吃东西,帮我做些事情吧!"

乞丐直爽答应,妇人叫他把前院的石砖搬到后院里,乞丐生气地说:"你明知我双手其中一只已断,不给我一些施舍就不给我吧,又何必为难我!"

妇人没有与他争执,而是自己动手搬了起来,并且是用一只手把石砖搬到后院。"我这样都行,为什么你不行,何况你是男人,应该对自己有信心吧!"

乞丐看到此景,就试着也努力用一只手去搬砖,来来回回不断搬,足足搬了三个小时才搬完。这时,这位妇人给了他一碗水和一条白色毛巾,乞丐接过后用毛巾擦脸,发现白色毛巾变成了黑色,他很惊讶,竟然不知道汗水在脸上滚滚而下。

妇人再递给他一些粮食和钱财,乞丐接过后不停地说多谢,然后走向他自己的路。

然而几年后,这个乞丐竟成了某家公司的总理事,他没有忘记曾给过他机会的妇人,他让当时帮助他的这位妇人住别墅,享富贵。但妇人却推辞说:"你不用多说,我只是给了你一个每个人都享有的机会,能力只是你自己的,别人给不给同你拥不拥有没有关系,你一只手缺陷不代表你的一生就没有机会成功,只是看你内心有没有自信和能力,对自己有自信,给自己一个机会就行了。只要敢于直面人生,自信,坚持,寻找机会,在机会的追寻中将成功牢牢抓在手中,你就会成功。"

一个乞丐可以为了他的生存找到出路,更何况是我们呢?面对机会,要毫不犹豫地迅速抓住。

某村庄发大水,村民们都上了大船,但牧师不上,他说:"上帝会来救我的。"大船开走了。

水位在涨高,牧师爬上了房顶。又有一艘快艇来搜救遗漏人员,牧师还是不走,仍说:"上帝会来救我的。"快艇也开走了。

水位漫过了房顶,又有直升机来接牧师,牧师仍然坚持不走,照旧说:"上帝会来救我的。"无奈,直升机也飞走了,牧师就这样连最后的机会也丧失了。

终于,虔诚的牧师遭到了灭顶之灾,见到了上帝。他抱怨上帝说:"你怎么不来救我?"上帝说:"我先后派了大船、快艇和飞机三种交通工具,可三次机会都被你错过了。"

故事虽然是荒诞的,但生活中这样的事例却比比皆是。其实,抓住机会就是抓住了上帝。

"不务天时,则财不生;不务地利,则仓不盈。"这是中国一句古训,意思是说,无论是做生意还是种地,都要考虑天时、地利。做生意如果不懂得天时、地利就不能取得财富;种地不懂得天时、地利就不会有所收获。这里所说的天时并不是指做事的气候条件,而是指机会。其实换句话说,就是在机会到来的时候,如果你能够抓住它,就有取得成功的可能,但如果你不去抓住它,那就永远都没有成功的希望。

一个经营者创业的目的,无非就是希望尽快把产品销售出去,因此,他们是绝不会任机会在自己面前溜走的,而是主动捕捉各种机遇,然后果断出击。抓住机遇的关键因素,是由机遇的突出特性所决定的。我们常说"机不可失,时不再来",机遇的这种特性就决定了一旦出现就必须要抓住它,如果你犹豫拖延,那么它就会悄然逝去。而那些成功创业的经营者,一旦发现这样的机会,就会以最快的速度去开发它、利用它。相反,那些难以成功的经营者则不懂得机遇具有很强的时效性,对机遇的到来表现得很麻木,使机会从自己面前白白地消失,丧失了最宝贵的财富,最后也只有追悔莫及了。

碧琳是一位推销员,她平时有个特点就是不论走到哪里,包里总是带着一些公司的资料,比如,公司产品介绍、媒体报道的文章、营养保健方面的资料等等,除了这些,她的包里面还准备了各种袋装的产品。

一次,碧琳去医院看望一位朋友,她注意到在专家门诊的候诊室内,聚集了很多等待看病的患者和家属,从患者痛苦的表情和家属们焦急万分、关切的眼神上,她敏锐地感到了市场的商机。于是,她主动把几张公司的报纸,给了几位患者的家属,同时双手递出自己的名片,说:"您好,我是从事健康营养方面的咨询顾问,如果您有健康方面的问题,我可以为您提供免费咨询服务,祝愿您和您的家人都能健康幸福!"说完,她就离开了。

几天后的一个下午,她突然接到了一位陌生人打来的电话,对方告诉他,他就是前几天在医院里看到她的名片和报纸的其中一人,想咨询一些健康问题。通过几次的电话沟通后,这位顾客接受了她的健康产品,一下子就购买了近2000元的产品,后来还成了她的忠实顾客。

碧琳对于这次的意外收获惊喜不已,也给了她大大的启发,她开始把目光对准医院,不到半年的时间,她收获颇丰。

就像碧琳这样,要想获得成功,就必须有敏锐的眼光和主动抓住机会的勇气,而把握机会的秘诀则是快速行动和做好准备工作。平时对营养健康知识的积累、对产品的深入了解,大量购买宣传资料并免费发放给潜在顾客等等一系列的准备工作,就是碧琳成功的基础。

所以说,成功的人总能在任何时候都能抓住随时而来的机会。

有人说,我一直在上班,哪会有什么致富发财的机会?伟大的艺术家罗丹说:生活中不是缺少美,而是缺少发现。

同样,生活中不缺少财富,而是缺少发现。

在世人眼中,洛克菲勒的"发迹和致富"一直是个神话,感觉不是凡人所为。但当细细解读他的发财历程时,又会有一番领悟:其实,每个人身边并不缺少财富,而是缺少发现财富的眼光。所以,工薪阶层在上班时,不要只为了工作而上班。你可以在上班之余寻找致富的信息,只要有心,你的周围随时存在致富机会。也许你左脚和右脚都各踩着一个致富的机会,关键是你有没有发现它。致富的机遇往往就藏在我们日常的生活中,关键是我们有没有发现并抓住它。我们中的许多人苦苦追求财富,但最终还是两手空空,就是因为他们不善于发现身边的财富。

因此,作为上班族,我们不应该抱怨身边没有致富的机遇,更不能以没有致富机会来原谅自己的不富有,而应以积极的心态,用全新的眼光和细腻的思考来发现并抓住身边致富的机会,从而改变我们不富裕的现状。

在抓住机会的同时,也要迅速行动

抓住机会是获得成功的前提,快速行动则是成功的必备条件。所以做事情时,如果好的机会产生了,就要迅速行动,千万不要犹豫。只有将构想赋予行动才会有意义,才可以领先对手,取得成功。

在2003年年底,TCL收购法国阿尔卡特的手机业务,率先吹响了"全球规模"的中国企业国际化号角;2004年年底联想又一举吞并了美国IBM公司的全球PC业务,进一步掀起了中国企业"全球规模"国际化高潮。我们把这两个问题拼图起来,慢慢就看清了事情的全貌:国际化有渐进式的"自我扩张型"国际化,也有跳跃式的"局部规模"并购国际化和飞鸟凌云式的"全球规模"并购国际化。

生活就是这样,如果抓住了机会而不去付诸行动也是不能成功的。

如何行动呢?

举个很简单的例子,前面说过工薪阶层在上班时,可以在上班之余寻找致富的信息。

有一位朋友，他很喜欢业余做投资，人们都称他为"业投"。为了让自己不占用业余时间来加班，他长期以来养成了一种高效的工作方式，领导有一些很急的工作，反而喜欢让他处理，因为他效率高，不会误事。

由于业余有较高的投资收入，他一般不计较工资收入的多少，只是让自己保持一种上班的状态而已，从而杜绝自己养成懒散的坏习惯。所以，有时领导碰到很难分配绩效工资时，都会选择让他吃点亏，因为他不在乎那点钱，而其他同事却不一样了，少了一分钱都斤斤计较个没完没了。因此，领导很喜欢他，还提拔他当了科室主任。

王国营是某国有控股上市银行基层支行的一位员工，工作之余，他持续地做投资，每天开着高档轿车上班。由于这个基层支行是上级行统一配车，支行行长坐的车是桑塔纳2000，有时候行长要去见一个重要的大客户，需要好车充面子，只好借用王国营的私家车。

借用久了，行长感觉王国营做客户经理工作很适合，于是就把他从后勤部门的一般员工提升为客户经理，专门服务高端客户。一是行长外出可以带上他，当然也带上他的高档轿车，由原先的"借用"变成了理所当然的"顺用"（顺便用一用）；二是王国营也算当地的富裕阶层，与富裕客户之间更有共同语言，便于交流；三是王国营在业余投资中结交了一群富裕朋友，月末充存款时，只要王国营一个电话，就会有几千万元的存款从四面八方汇到这个支行来，支行完成存款任务当然不成问题；四是当支行在完成基金、保险等产品任务时，王国营可以让他的那些富裕朋友分别买一些，完成任务就更容易了；五是一个非常重要的原因，那就是王国营自己是富人，所以给客户谈理财业务时，才能"理直气壮"，客户也更加相信他这个富人的理财能力，否则客户会说"他自己都是个穷人，还跟我们谈什么理财"。一年之后，因为业绩很好，他已经被提升到支行客户经理的最高级别了。

从王国营的真实经历可知，工作与业余投资可形成良性循环，鱼和熊掌可兼得。

当然，在工作之余做好投资，我们要注意如下事项：

第一，工作和业务投资要两分明。投资如果要花时间，只能花业余的时间。上班时间就是上班，单位已经以工资的形式买下了你的上班时间，不可挪作他用。下班时间是你自己的，你可自由支配，用下班时间来做业余投资，才心安理得。

第二，选择一些不占用太多时间的投资。业余做投资，与全职做投资不一样，它要求你所花费的时间不能太多，否则可能影响你正常工作。如果工作和业余投资相互是不良影响，那么鱼和熊掌可能都得不到。

第三，最好做些你熟悉的投资，业余投资要是与所从事的行业或工作性质相关，那么成功的概率会更高些。当然，你所从事的职业可能对你的业余投资有所限制，你不能违反职业道德或是职业规定来做业务投资。

第四，业余投资最好别与你的工作或服务对象有牵连，否则你可能会有"利用工作之便谋取不当利益"之嫌。

延伸阅读：

斯坦福商学院的"小企业精神"

斯坦福大学商学院和哈佛大学商学院被认为是美国最好的商学院，这两所学院多次在美国权威杂志的商学院排名中并列第一。哈佛商学院代表比较传统的经营管理培训，培养的是"西装革履式"的大企业管理人才；而斯坦福商学院则更强调开创新科技、新企业的"小企业精神"，培养的是"穿T恤衫"的新一代小企业家。

光从学生人数来说，斯坦福商学院的规模要比哈佛商学院小得多。斯坦福总共有720名MBA学生，只有一种叫Sloan的企业管理人才培训计划，为期10个月，每年只招收50人左右。但是在全美的730多个商学院中，没有一所商学院的入学竞争有斯坦福商学院这样激烈。最近几年来,每年有5000到6000人申请进入斯坦福商学院,但是只有360个幸运者能够如愿以偿。从这个角度来说,斯坦福商学院是美国"身价"最高的商学院,之所以这样做的最主要的原因是学校要保证教学质量,保证学生的高素质和高标准。

在斯坦福第一年的基础课之后,一般要求学生在第二年选一个专业方向,这些专业方向包括制造业管理、小企业创建和管理、国际工商管理、保健事业管理以及公共事业管理等。这样做的目的,是为了使学生对将来可能从事的行业有系统而深入的了解,掌握实际和理论的知识。

斯坦福商学院在强调实际管理经验的同时,也强调对经济、金融、市场运转等理论的长期性研究,研究成果也比其他一流商学院更多一些。过去几十年来,这所商学院好几位教授的研究成果,都获得了诺贝尔经济学奖。同时,斯坦福商学院在近年来的教学中特别强调高科技的运用,很多课程的内容都涉及如何创立高科技公司,如何在某个行业或大企业实行技术转变,以及如何运用新技术来开发新产品等。为此,学校每年要从硅谷等地邀请很多高层企业管理人员来为学生授课,讲述他们的实际经验。而很多MBA学生在念书的时候就参加硅谷小公司的商业计划、发展和管理,在没有毕业时就和这些公司建立了密切的联系。

非常高的淘汰率也是斯坦福大学MBA专业闻名世界的原因之一,目前每年约有5000名申请者,最多的一年达到8000人,而录取率只有7%。教师是MBA教育中的一个关键因素,斯坦福商学院师资力量雄厚,教师和学生的比率为1:6,包括自1990年起的3位诺贝尔奖得主。MBA并不是我们通常所理解的硕士学位那么简单,它是一个系统而广泛的专业,因此保证学生的多样性是一个非常重要的方面。斯坦福大学MBA专业的学生来自各个领域,这样可以增加学生之间的互补,在一定程度上促进了学生的学习。

斯坦福大学为确保办学质量,还有一个很重要的手段,就是加强媒体监督。美国一些主流媒体每年都会公布MBA专业的排名,这对申请者和用人单位都有着非常重要的影响。这些媒体通常会在学生中散发调查问卷,收集之后再进行系统分析,排名的一个重要指标就是学生的意见。

"商学院的毕业生应该从商学院的教育中至少受益20年。也就是说，他们不仅应该了解他们在毕业后会面临什么样的商业世界，也应该有足够的才智来应付20年以后经过了变化的商业世界。"

——摘自斯坦福大学公开课

第三章

学会像斯坦福的亿万富翁一样思考

"思想有多远，路就有多远"，正如这句鼓舞人心的广告语所说，一个人能走多远，取决于他能想多远。一个人成功的程度，取决于他胸襟和眼界的广阔程度。

放眼现实世界，世界首富比尔·盖茨、科学奇才霍金、香港华人首富李嘉诚、太平洋建设集团严介和、阿里巴巴总裁马云、著名功夫演员成龙……这些人的辉煌和成功给我们留下很多思考：为什么他们能在众人中脱颖而出，创造奇迹呢？究其原因，就是因为他们身上具有一种东西——那就是与众不同的思路。

拆掉思维里的墙，取得真正的成功

被日本企业奉为至宝的《三十六计》所提出的种种克敌制胜的计谋，其核心就是一条：不按常规行事。

人都有惯性思维，爱用常用的方式思考，善用常用的行为方式处事。久而久之，就养成了根深蒂固的惯性思维。而成功，有时最怕的就是惯性思维，只看到人家怎么干的、前人怎么做的、政策允许的、行业的游戏规则，而使自己迷失在惯用套路和行业人的惯性招数上。跟着人家的套路走可以成长，照搬人家的做法可以生存，但想快速成长和突破就得创新，就得打破惯性思维。

1.变化中才能出创新

我们身处一个急剧变革的时代，我们身边的这个世界每时每刻都在变化中，可以说一日千里，在这个变化的世界里，我们只能在变化中求生存，如果我们不及时调整自己去适应变化，一定会被淘汰。

这个世界唯一不变的是一直在变，环境、企业、市场、消费者莫过于此，可以说变化是永恒的主题，快速变化的时候充满机遇与挑战，在变化中求生存，在变化中求发展。

阿里巴巴的当家人马云曾说："唯一不变的是我们的变化。我们在不断的变化中求生存，不断的变化中求发展。如果发现公司没有变化，公司一定有压力。所以说我希望告诉每一个人，看看你自己成长，成长带来变化……如果你觉得昨天赢的东西你今天还要希望这样赢,很难了。一定要创新,变化中才能出创新,所以我们要在变化中求生存。"

"唯一不变的是变化"这句话在阿里巴巴从来不只是一个口号,而是阿里巴巴员工必须面对的现实。在变化中生存和成长的广大员工从不适应到适应,从不习惯到习惯,这一原则渐渐深入人心。

阿里巴巴是在变中求生存,在变中求发展的,把"变"视为网络产业常态,正视变化,不怕变化,顺应变化,主动变化,是阿里巴巴的应变术。在阿里巴巴内部,变化早已成为常态。创业9年,阿里巴巴内部变化之大之频繁令外人吃惊。机构的变化、人员的变化、职务的变化、工作的变化几乎月月都在发生,阿里巴巴的创业元老和老员工骨干几乎人人都经历过不止一次的变动。

如马云所说,变化是痛苦的,岗位的变动使许多员工多年的积累丧失殆尽,不得不重新开始。销售大战时,许多地区销售主管惨淡经营打开的局面,建立的客户关系,都会随着一纸调令烟消云散,到了新地区,一切都得从头来。高管的变动,封疆大吏的变动同样频繁,但如此之大的人事变化,并没有在阿里巴巴引起震动。

网络大势逼着阿里巴巴变,阿里巴巴人已经习惯变化。不管是机构变化,人事变化,模式变化,他们都已习惯和适应了,因此,阿里巴巴才能在这个风云变幻的互联网产业中如鱼得水,游刃有余,才能乱中取胜,变中得势。

阿里巴巴在其9年发展历程中,遭遇到几次大危机。面对危机永不放弃,当机立断迅速化解危机,直至巧妙利用危机是马云应变之道的高明之处。拥抱变化、大胆试错、直面错误、利用危机是马云应变之道的概括。

从某种意义上说,正是马云的应变之道使阿里巴巴活了下来并最终发展壮大。历史已经证明,面对一个瞬息万变的产业,不能应变者,不善应变者只有死路一条。无论在世界还是在中国,网站存活的概率只有

1%,阿里巴巴有幸成为这1%,正是得益于马云堪称高超的应变之术,而这恰恰最好地说明了变化的重要性。

对这个道理,光明乳业股份有限公司前董事长兼总经理王佳芬也有自己独特的认识。

她谈到光明乳业的发展时说:"其实我觉得,不管是国企还是一个外资企业,还是今天世界500强的任何一家公司,永远都会面临进步和历史之间的纠缠。一个好的公司,它之所以会有100年的历史,关键就在于它能够不断地改变现状。我有一个很基本的想法,其实每个人,他都愿意跟着潮流走,他都想跟着历史发展的潮流走,不想成为历史的淘汰者。管理者需要去不断地创新,不断地让它与时俱进,我们的变化与改革进行了四五年,我们管那段时间的改革叫'壮士断腕',我们也说那种改革叫'凤凰涅槃'。"

由此可见,无论是阿里巴巴还是光明乳业,都是因为敢于变化、勇于变化、积极变化才适应了市场,适应了局势的发展和需要,走出了一条光明大道。

这再次说明,在这个日新月异的社会中,一个创业者如果总是抱残守缺就意味着失败,只有不断采用新方法、新技术,不断地有新发明、新创造,不断地产生新成果,事业才能兴旺发达。

然而创新与变化却又是最艰难的,打破陈规不是一句话说说就可以的,人们最难做的就是改变自己。每一个新事物要得到人们的理解、肯定与支持总是需要一个过程,最初,人们往往很容易被流言蜚语吓倒。在创新和改变的过程中,"敢为天下先"的勇气是最重要的,但也需要卓越的想象力、兢兢业业的精神、坚忍不拔的毅力和冷静的头脑。

要想创新,就要紧跟时代的步伐,紧跟合作对象、客户的步伐,时刻在变化中求发展,求生存,敢于创新,敢于改变自己,敢于尝试和突破。

这个世界已经不再是一个固步自封的世界,而是一个充满竞争的世界,严酷的现实要求每一个企业、每一个组织、每一个人都要在变化中求生存,在变化中求发展。因此,我们需要不断加强业务技术学习,随着社会形势的不断变化而变化,顺应时代发展的潮流,适应市场经济瞬息万变的变化。

在英国威斯敏斯特教堂的一块墓碑上,刻着一段非常著名的话:"当我年轻的时候,我的想象力从没受到过限制,我梦想改变这个世界。当我成熟以后,我发现不能够改变这个世界,我将目光缩短了些,决定改变我的国家。当我进入暮年时,我发现我不能够改变我的国家,我的最后愿望仅是改变一下我的家庭,但是,这也不可能了。当我现在躺在床上,行将就木时,我突然意识到:如果一开始,我仅仅去改变自己,然后,作为一个榜样,我可以改变我的家庭,在家人的帮助和鼓励下,我可能为国家做一些事情,然后,谁知道呢?我甚至可能改变世界。"

面对各种无法控制的变化,我们必须懂得用乐观和主动的心态去拥抱变化,当然变化往往是痛苦的,但机会却往往在适应变化的痛苦中获得。人生之路多崎岖,无论你遇到或者遭受多少挫折,承受多少失败与痛苦,请不要放弃和抱怨,路还长,应顽强走下去。当我们到达目的地时你会发现,周围的一切已经在不经意间被我们所改变。

事实证明,只要头脑够灵活,有创新的信念和智慧,就一定能够为企业开辟新的市场。

这个观点在海尔集团张瑞敏身上得到了应验。

1997年,张瑞敏到四川西南农村去考察,发现农民用的洗衣机的排水管里经常有污泥堵着。张瑞敏就问:"你这个洗衣机的排水管为什么有这么多污泥堵着?"

农民说:"我这个洗衣机不但用来洗衣服,还用它来洗地瓜。"

回来后,张瑞敏就对科研人员说:"农民用我们的洗衣机洗地瓜,把排水管都堵住了,你们能不能想想办法?"科研所一位大学本科毕业刚一年的小伙子对张瑞敏说:"洗衣机是用来洗衣服的,怎么能用来洗地瓜呢?"张瑞敏说:"农民给我们提供了一个很重要的信息,这个信息是用金钱无法买到的,你们要研制一种能洗地瓜的洗衣机。"科研人员接到这个课题以后,在一个月的时间里把这个"大地瓜洗衣机"给搞出来了。实际它里面也没有高深的学问,只不过是搞了两个排水管,一个粗一点儿,一个细一点儿,洗地瓜时用粗的,洗衣服时用细的。"大地瓜洗衣机"推向市场后受到了广大农民的喜爱,取得了很好的经济效益。

"大地瓜洗衣机"的诞生也向大家证明了:一些看似荒诞或不可能的事情并非真的难以突破,只要肯开动脑筋,抓住每一个可以利用的信息并对其进行加工,就能够找到创新的契机,就能够创造出越来越多的"洗衣机也可以洗地瓜"的市场神话。

商场如战场,需要我们具备随机应变的才能,需要清晰的思路和头脑,商战无情,倘若没有诸葛亮的随机应变之智,是很难在激烈的市场竞争中站稳脚跟,争取胜利的。要紧跟新潮,随着市场的变化而变化,当我们掌握了市场变化的规律,就可变被动为主动,另辟蹊径,开拓新的市场。当今的经济时代,要想取胜,除了凭经济实力之外,关键还是要开动脑筋出奇制胜:

联想集团的陈绍鹏克服重重阻碍,为联想打开了中国西南地区的市场,为联想公司挖掘了一个拥有巨大前景的市场,同事都夸他具有"把冰激凌卖给北极熊的本领"。

格兰仕公司的陈曙明在格兰仕进军上海市场时,抓住了上海人的心理特点,用创新的方式进行销售,不但打开了上海市场,而且很快就在全国市场占据了有利的位置。

牛根生在伊利任职时,曾用巧妙的营销手段让人们在"大冬天里吃雪糕",在冰激凌的淡季进行广泛宣传,为来年在"冰激凌大战"中获胜打下了坚实的基础,并为伊利创下了年销售额3亿元的销售神话。

蒙牛集团的杨文俊在拎VCD箱子时拎出了灵感,于是就向企业提出了在牛奶箱上安装便于提取的把手的建议,这个创意不但极大地方便了客户,而且使蒙牛当年的液体奶销售量大幅度增长。

海信集团的何云鹏,在与研发小组成员的共同努力下,成功打造了海信"信芯",不但为海信节省了成本,创造了效益,更是打破了中国电视长久以来依赖进口芯片的局面。

……

所谓"奇"就在于因手法高超或产品新颖在市场上有奇效,而竞争对手们又预料不到。因此,可以较容易地占领市场,得到顾客,在一定时期内形成一个市场竞争中无敌手的局面。

随着时代的进步,市场的发展,如何去应对今后的挑战,怎样从危机中解脱出来?这需要每个人保持清醒的头脑,一个智慧的人,应有主动性和创新精神,智慧的价值是无穷的,创新意识与创新能力对我们来说就是最宝贵的财富。因此,我们要切实立足事业的长远发展,开拓思维,开动脑子,放下顾虑,用自己聪明的智慧和创意引领事业的发展,让自己成为奔跑在时代前沿的人,成为最先告别贫穷,最先用财富装满口袋的人。

2.惯性思维中的"修正成本"

惯性不仅可能在瞬间形成,更可能在大尺度时空中形成,不但会在个体身上表现出来,更会在群体中形成和延续,就像漂移中的各大陆板块,虽然在常规经验中你看不出它的移动,但这种移动却是缓慢而坚定的。

群体的惯性一旦形成,由于其惩奖机制的强制性,有时会比个体的惯性思维具有更惨烈的社会危害性。正如缠足,无论从审美、快感、健康等任一角度而言都是有百害而无一利的事,但却能被一个巨大的群体连续几个世纪地沿袭着,除非重大变故和外力的影响,否则这种历史惯性是很难制止的。

这就引出了一个"修正成本"概念,即群体的惯性一经启动,便会逐渐形成各种"历史附加",从而导致一个更大的利益系统的建立,共生共振的结果是牵一发而动全身,变革的成本大大提高,甚至导致灾难性的不可逆转。

下面这则颇具黑色幽默性质的故事,便是一例。

美国铁路两条铁轨之间的标准距离是4英尺8.5英寸,这是一个很奇怪的标准,究竟是从何而来的呢?原来这是英国的铁路标准,而美国的铁路原先是由英国人建的。

那么为什么英国人用这个标准呢?原来英国的铁路是由建电车的人所设计的,而这个正是电车所用的标准。

电车的铁轨标准又是从哪里来的呢?原来最先造电车的人以前是造马车的,而他们是用马车的轮宽标准。

那么马车为什么要用这个轮距标准呢?因为如果那时候的马车用任何其他轮距的话,马车的轮子就会很快在英国的老路上被颠坏。

为什么?因为这些路的辙迹的宽度是4英尺8.5英寸。

这些辙迹又是从何而来的呢?答案是古罗马人所定的。

因为欧洲,包括英国的长途老路都是由罗马人为它的军队所铺设的,所以4英尺8.5英寸正是罗马战车的宽度。如果任何人用不同的轮宽在这些路上行车的话,他的轮子的寿命都不会长。

我们再问,罗马人为什么以4英尺8.5英寸为战车的轮距宽度呢?

原因很简单,这是两匹拉战车的马的屁股的宽度。

更为惊人的是,当你在电视上看到美国航天飞机立在发射台的雄姿时,你留意看看在它的燃料箱的两旁有两个火箭推进器,这些推进器是由一家名为Thiokol的公司设在犹他州的工厂所提供的。如果可能的话,这家公司的工程师希望把这些推进器造得胖一点,这样容量就可以大一些。但是不可以,为什么?因为这些推进器造好之后是要用火车从工厂运送到发射点,路上要通过一些隧道,而这些隧道的宽度只是比火车轨宽了一点，然而我们不要忘记火车轨的宽度是由两匹战马的屁股的宽度所决定的。

时间和惯性会使人精神麻木，即使是最应该淘汰的行为也会被当作正常的做法自行传承下去，没有谁感到奇怪。

古人云"闻道有先后，术业有专攻"，由于时间、精力和客观条件等方面的限制，每个人在自己一生中，通常只能在一个或少数几个专业领域内拥有精深的知识，而对于其他大多数领域则知之甚少甚至全然无知。在自己的专业领域之外，为了弥补自己的无知以应付不时之需，人们不得不求助于各个领域内的专家，而对专家的意见，人们唯有点头称是，照单全收。在通常情况下，人们按照专家的意见办事，总能得到预想中的成功。如果不慎违反了专家的意见，总要招致或大或小的失败。在发生争执时，如果有一方引证某位专家的话为自己辩护，那么另一方很快就会认输。于是，久而久之，专家就形成了一道难以逾越的思维屏障，阻碍了人们思维的发展。

1936年5月25日，在柏林奥运会上，美国天才运动员欧文斯创造了10.3秒的百米短跑世界纪录之后，这一纪录保持了30年。以詹姆斯·格拉森医生为代表的医学界权威断言，人类的肌肉纤维所承载的运动极限不会超过每秒10米，不可能在10秒以内跑完百米。这种说法在田径场上流行了30年，所有人也都相信这是真的。同样是来自美国的短跑运动员吉·海因斯也相信专家的这一说法，但是他想争取跑出10.01秒的成绩。于是1968年，在墨西哥奥运会的百米赛道上，海因斯完成了一次突破。他撞线后，转过身子看着运动场上的计时牌，指示灯打出了9.95秒的字样，这标志着人类历史上第一次有人在百米赛道上突破了10秒大关。海因斯看着计时牌，摊开双手说了一句："上帝啊！那扇门原来是虚掩的。"

我们有理由相信在欧文斯与海因斯之间的30年内，其实也有许多优秀的短跑运动员，有可能打破10秒的纪录，但是由于权威思维的影响，他们没有想过可以超越"人体极限"，创造更辉煌的成绩。在海因斯之后，又有无数优秀的运动员用自己的努力不断刷新这个纪录，直到现在，百米短跑的成绩已经提高到9.63秒。

假设在一间地面是水泥做成的空屋子内，水泥地面上垂直地埋放着一段一尺左右长的底端封闭的钢管。钢管的内径略大于一只乒乓球的外径，恰好有一只乒乓球落在钢管的底部。现在，你拥有下列工具：

50米长的晒衣绳；

一把木柄铁锤；

一把凿子；

一把钢制锉刀；

一只金属晒衣架；

一只电灯泡。

请你把乒乓球从钢管中取出，但不准弄坏地面、钢管和乒乓球。在五分钟内，列出你能想到的所有解决办法。

在一次比赛中，第一队想到的解决方法是：用锉刀把金属衣架锉断，然后把断开的两端磨平，做成一把大镊子，用这把大镊子把乒乓球夹了出来。第二队的解决方法是：用锉刀把铁锤的木柄锉成木屑，用这些碎木屑慢慢填进钢管，使乒乓球一点点地"浮"上来。

其实，这两队的解决方法都是比较新颖独特的，但都不是最简便的，不是最有创造力的。更简单的方法是往钢管里小便，无需任何工具就能使乒乓球浮上来。

你是否想到了这个方法呢？如果没有想到，原因何在？这就涉及到了文化禁忌的问题，在我们的文化中，是鼓励在厕所里小便而不是在其他的场合。假若你想到了，你敢不敢向你的队友提出呢？是不是怕一说出来会引起哄堂大笑而不敢提出？又或者是不好意思提出这么"粗俗"的做法？

这个小实验告诉我们，这种来自文化方面的禁忌会限制人们的思路，从无形中排除了许多本可以想出来的好办法。

一家化学实验室里，一位实验员正在向一个大玻璃水槽里注水，水流很急，不一会儿就灌得差不多了。于是，那位实验员去关水龙头，可万万没有想到的是水龙头坏了，怎么也关不住。如果再过半分钟，水就会溢出水槽，流到工作台上。水如果浸到工作台上的仪器便会立即引起爆裂，里面正在起着化学反应的药品一遇到空气就会突然燃烧，几秒钟之内就能让整个实验室变成一片火海。实验员们面对这一可怕情景，惊恐万分，他们知道谁也不可能从这个实验室里逃出去。那位实验员一边去堵住水嘴，一边绝望地大声叫喊起来。这时，实验室里一片沉寂，死神正一步一步地向他们靠近。就在这时，大家只听"叭"地一声，只见在一旁工作的一位女实验员，将手中捣药用的瓷研杵猛地投进玻璃水槽里，将水槽底部砸开一个大洞，水直泻而下，实验室一下子便转危为安。

在后来的表彰大会上，人们问她，在那千钧一发之际，怎么能够想到这样做呢？这位女实验员只是淡淡地一笑，说道："当我们在上小学的时候，就已经学过了这篇课文，我只不过是重复地做一遍罢了。"

这个女实验员用了一个最简单的办法来避免了一场灾难。我们都学过《司马光砸缸》，砸缸救人，关键在于舍缸，破缸求命。牺牲缸一个，幸福归大家。

多数人的思维都想"得"，想活，而不是先想到"舍"。殊不知，舍弃有时也是一种智慧。"舍"放前"得"放后，最终是小舍小得，大舍大得，不舍不得。

其实这个"缸"就可以看作我们的惯性思维，很多时候我们对很多机会视而不见，只因我们被思维束缚住了。这个时候唯有打破，才能放飞我们的思维，进入一个新天地。

还有个案例：

大家都知道，广告、广告、广而告之。平面广告得有内容，广播广告得有声音，电视广告都有画面，这是所有人的惯性思维。巴黎一银行新开业，想迅速打开知名度，在电台做广告。一般做法是宣传一下，搞个大促销，或者请个名人推广。但他们没有采用其他银行开张宣传使用的方法，他们认为要想快速获得知名度，就得出位，明显的差异化才会赢得关注。

于是他们买断巴黎各电台的黄金时段10秒钟，向人们提供沉默时间，他是这样宣传的："听众朋友，从现在开始播放由本市国际银行向您提供的沉默时间。"然后整个纽约所有电台都沉默，听众被这莫名其妙的10秒钟激起了兴趣，纷纷开始讨论。各大媒体也争相报道，成了热门话题。

这家银行彻底打破了惯性思维，告诉了世人，谁说广播广告非得在那大费口舌。这个沉默时间以自己的不说话唤起了所有人说话。

《孙子兵法》讲以正合、以奇胜。奇招绝对不是常规的方法，肯定是创新的方案，超出对手的想象和预测，打破了惯性思维进而才有出奇制胜的效果。

看下面这个例子：

一天凌晨，一位游客推着一辆装满稻草的手推车来到了两国之间的边境。边防哨兵疑心顿起：对稻草是不需要征税的，但是稻草下面到底是什么？这位哨兵仔细地对手推车中的稻草进行了搜查，但是一无所获。哨兵非常疑惑，亦感到很恼火，但是他给这位游客放行了。

第二天这位游客又来了，还是推着一辆手推车，这次里面装满粪肥，粪肥也是不需要交税的商品。这位哨兵认为，他这次可看穿了这位旅行者的鬼把戏。对稻草进行搜查是没有什么问题的，但是粪肥会使得这位哨兵的手臭不可闻。哨兵知道他的职责，他找来一把小铲，仔细检查了臭烘烘的手推车，还是没有发现什么走私品。

每天，当太阳刚刚升到海关对面建筑顶端的时候，同样的场景就会发生。有一次手推车中是碎木屑，另外一次是砾石，后来又是粪肥。每次搜查变成了友好的例行公事。

"我知道你一定在走私什么东西，我会找到的。"哨兵咧开嘴笑着对这位游客说。

"这么多次了,你已经知道我是一个很诚实的人。"这位游客这样答道。游客是位乐观派,在搜查过程中,他和哨兵会一起谈论前一天发生的事情:谁欺骗了谁,有关国家领导人的最新谣传以及现在已经被关在当地监狱中的走私犯的走私伎俩。

"我不希望那种事情发生在你身上。"边防哨兵说道。

"一个诚实的人没有什么可害怕的。"这位游客答道。

就这样过了一年多。突然有一天那位游客在日出之时没有来到边境,并且再也没有出现过。

十几年之后,哨兵和游客都已经开始了完全不同的生活,他们在一个酒馆中不期而遇了。于是哨兵问那位游客,希望他能解答一下多年以来一直困扰他的一个问题。"我多年以前就离开海关了,我为政府尽心尽责地工作。我知道你当时在走私什么东西,你一定是在走私什么东西。"他说道,"都这么多年的老交情了,告诉我好吗?"

"是手推车。"

……

在残酷的市场竞争中杀出一条成功之路,对于很多人来说,其中的残酷与艰难足以令人望而却步,但是打破常规,不走寻常路则可以令你事半功倍。

总之,在变化速度不断加快的年代,不仅要关注和追赶变化的步伐,更要鼓励使用创新的方法,使自己变得更快、更好。这个年代永远是创新的企业能走在前端,创新的个人更易于进入公众的视野获得更多的机会。

如何不按常规行事?这里面有三个故事值得借鉴:

第一个故事:打破思维的常规。

有位销售经理对客户说:"在展览厅里,我可以满足你们提出的任何要求。"前几位客户的要求都得到满足,有位客户却说:"要我买你的产品,除非你让肚脐眼长在眼睛的上面。"面对这一要求,经理显得束手无策。此时,一位职员对经理说:"做个倒立给他看看!"

第二个故事:用反规则的手段来扫清障碍。

在一次欧洲篮球锦标赛上,保加利亚队与捷克斯洛伐克队相遇。当比赛剩下8秒钟时,保加利亚队以2分优势领先,一般说来已稳操胜券。但是,那次锦标赛采用的是循环制,保加利亚队必须赢超过5分才能取胜。可要用仅剩下的8秒钟再赢3分,谈何容易。

这时,保加利亚队的教练请求暂停。许多人对此举付之一笑,认为保加利亚队大势已去,被淘汰是不可避免的,教练即使有回天之力,也很难力挽狂澜。暂停结束后,比赛继续进行。这时,球场上出现了众人意想不到的事情:只见保加利亚队员突然运球向自家篮下跑去,并迅速起跳投篮,球应声入网。这时,全场观众目瞪口呆,全场比赛时间到。但是,当裁判员宣布双方打成平局需要加时赛时,大家才恍然大悟。保加利亚队这出人意料之举,为自己创造了一次起死回生的机会。加时赛的结果,保加利亚队赢了6分,如愿以偿地出线了。

第三个故事:寻找其他人想不到的新细节。

某证券公司的散户股民几乎人人赔钱,只有门口看自行车的老太太赚了个钵盈盆满,于是大家纷纷向她讨教炒股秘方。她说:"门口的自行车就是我炒股的'指教',自行车少、股市萧条的时候我就买股票,自行车多、人人都抢着买股票的时候我就清仓。"

3.打破思想定势,思路决定财路

正确的思路,好的思路,可以影响和改变很多东西,甚至可以改变一个人、一个企业乃至一个民族、一个国家的命运。

现实是最英明的裁判。张瑞敏总结提出的"没有思路就没有出路"的思想理念,如今已经成为海尔集团的重要战略理念,这个重要的战略理念也是海尔独有的创新文化之一。正是在一系列科学而先进的创新观念的指导下,在20余年的时间里,海尔从一个亏空147万的街道小厂,发展成为全球营业额上千亿人民币的国际化大企业,20年走过了世界同类企业100年甚至更长时间走过的路。奇迹般的业绩,不仅使海尔成为国内企业中的佼佼者,而且成为世界企业中的佼佼者,创造了一个令世界震惊的"海尔神话"。

海尔还有一个思路——只有淡季思想,没有淡季市场。

七八月份是洗衣机的销售淡季,海尔经过市场调查分析得出结论:不是夏天客户不买洗衣机,而是没有合适的洗衣机。夏天要洗的衣服也就是一件衬衣、一双袜子之类的东西,用容量5公升的洗衣机,既费水又费电,非常不合算。据此,海尔开发了一种夏天用的洗衣机,是当时世界上最小的洗衣机,容量为1.5公升,而且有3个水位,最低的洗两双袜子也可以,这个产品一下子就在西方畅销开了。

从1995年开始生产洗衣机到现在,海尔销量在全国始终排名第一,主要原因就是,海尔人的新思路创造了领先的产品,打开了洗衣机销售的新出路。对此,张瑞敏说:"我们卖给消费者的,绝对不是一个产品,而是一个解决方案。"

在服务思路这方面,三联书店也颇有见地。三联书店始终以邹韬奋先生创办生活书店的宗旨——"竭诚为读者服务"为店训,强调经营管理,长期以"读者的一位好朋友"自视,早在1935年就开办了电话购书业务,以方便读者。三联书店之所以能吸引不同阶层的人士,除了自身的商誉之外,主要得益于它的服务思路、服务态度和服务水准。

三联书店的管理者和经营者谙熟一个道理:在商战中,竞争对手之间以能否获得更多顾客青睐决定了胜负,因此,他们始终在变化经营思路、服务思路。三联书店的服务融入整个店面中,自然、平和、贴切,令人宾至如归。比如,人性化的高度和宽度,让人平静、放松的背景音乐,对读者无为而治的管理方式等。这些服务措施将书店变成了沙漠中的绿洲,让都市人在喧闹中获得了宁静,享受到了自由,汲取了知识。调查显示,开发一位新客户,要比留住一位老客户多花5倍的时间。当客户的基本生活需求满足之后,客户期待的不仅仅是产品和价格,更重要的是服务和尊重。

美国一对青年夫妇在用奶瓶给婴儿喂奶时,觉得市面上出售的奶瓶太大,8个月以下的婴儿都无法自己抱住奶瓶吃奶。女方的父亲恰好是一家工厂烧焊产品的检查员,听到他们的抱怨,便顺口说,最好在奶瓶两边焊上瓶柄,婴儿就能双手抓着吃奶了。一句话启发了这对青年夫妇,他们设法将圆柱形的奶瓶改制成带柄的奶瓶,投放市场销售,结果60天内卖出5万个奶瓶,开业的第1年就收入150万美元。不经意间的一个小小的思路,创造了一个不小的奇迹。

一个小小的改变,一个新的思路,往往会得到意想不到的效果。我们在日常生活中,千万别失去思考力,要打开思路,接受新知识、新事物。思路变,观念变,局势就变,结果自然大不相同。因循守旧、墨守成规,无论何时何地都没有前途。正所谓:"要有出路就必须有新的思路,要有地位就必须有所作为,只有敢为人先的人才最有资格成为真正的先驱者。"

在创业过程中,如果你要想开拓财路,不光要具备审时度势的头脑与眼光,还要能及时打破思想,提升意识形态,更新思路,在思想上创新。我们常说,有什么样的思路,就有什么样的行为;有什么样的行为,就有什么样的出路;有什么样的出路,就有什么样的命运,所谓"思路决定出路,出路决定财路"正是这个道理。

罗兰大师说:"市场不是缺少商机,而是缺少发现。"

面临激烈的竞争,我们要勇于打破思维定式,创造性地开拓市场,善于另辟蹊径,巧妙经营,以最快的速度赢得主动权,赢得胜利。

下面教你三种打破思维定式的方法。

第一，学会联想思维。

联想思维好比所罗门大帝的宝藏，而联想思维的训练就是挖掘这个宝藏所进行的考古过程。

我们要先确立这个宝藏的所在，有一个好的起点，然后要依靠知识和技能设想挖掘这个宝藏要遇到的困难，也许我们会遇到机关陷阱，也许我们会看到海市蜃楼，也许会有守殿的骑士阻碍我们的行程。当然我们的训练与考古相比具有绝对的安全性，可是训练的过程却可以像考古一样充满奇趣。随着联想思维的拓展，你会为自己的想法而惊奇。这个过程不会是枯燥的体育锻炼，也不会是抓破头皮的数学计算，可是需要你绞尽脑汁去想你从未曾想过，以及你觉得根本不可能的问题。一切奇怪的意念也好，惊世骇俗的想法也罢，我们要的就是这样的效果！

法国格洛阿是位天才数学家，有一天，他去找朋友鲁柏，来到罗威艾街的一幢四层楼的公寓。他走进二楼9号房间，

看门的女人这样告诉他，鲁柏先生在两星期以前就死了，是被人用刀子刺死的。鲁柏先生父母刚寄来的钱也被偷去了，犯人还没有抓到。

这女人抽了抽鼻子继续说："鲁柏是我的同乡，我每次做馅饼，总要给他尝尝，他死的时候，两手还紧紧握着没吃完的半块饼。警察也感到迷惑，一个腹部受了重伤都快要死的人，为什么要抓住那小块饼呢？"

格洛阿问："有没有犯人的线索？"

看门的女人回答："请说得轻一点，犯人肯定住在这幢公寓里。出事前后，我都在值班室里，没见有人进这公寓。可是这公寓有60个房间，上百人……"

格洛阿发动"脑细胞"，帮助寻找杀害他朋友的凶手。默默地过了几分钟后，格洛阿问："三楼有几个房间？"看门的女人答："1号到15号。"然后格洛阿让看门的女人带她去看，走到三楼走廊尽头的时候，这位数学家问道："这房间住的是谁？"看门女人说："是个叫朱塞尔的人，是个浪荡子，爱赌钱，好喝酒，他昨天已经搬走了。"

"糟糕！这个家伙就是杀人犯！"格洛阿下了断语。后来朱塞尔落入了法网，这事确实是他干的。

大家来猜猜看，格洛阿是如何得出这样的结论的？其实他的思路是这样的：被害人手里紧握着的馅饼是一种暗示，馅饼英语叫"pie"，而谐音在希腊语就是"π"。大家知道它代表圆周率，即3.14，这块馅饼所暗示的就是凶手住在三楼14号房间。鲁柏先生也喜欢数学，这就是他临死时极力想留下的有关凶手的线索。

第二，在逆向思维中感受"柳暗花明又一村"。

逆向思维几乎在所有领域都具有适用性，从本质上讲，它是客观世界的对立统一性和矛盾的互相转化规律在人类思维中的表现，当常态思维"山穷水尽疑无路"时，将思路反转，有时会意外地"柳暗花明又一村"。

1999年3月1日《新民晚报》赫然登出一则标题为《灵机一动，省下亿元——超大型船将倒航进出宝山港池》的消息，介绍了上海港一位高级领航员利用逆向思维提出了超大型船舶不用掉头而是倒进港的金点子。文章说，随着上海港集装箱运输的迅猛发展，进行集装箱装卸的主要港区张华浜码头和军工路码头能力已经饱和，而宝山港池却因掉头区和部分航道太"窄"的限制，重载超大型船舶卡在港池外面，面临"吃不饱"的窘境，集装箱吞吐量日益萎缩。为此，上海召开了多次专家会议，大都认为要想解决这一问题难度极高、花费巨大。当时以特邀身份参加会议的上海港引航站站长、高级引航员杨锡坤用逆向思维的方法大胆提出与众不同的新设想：用倒航的办法将超大型集装箱船引入宝山港池，这就一举解决了超大型船体掉头难的问题，这一方案不仅可以免去原扩建港口工程费用上亿元，而且能大大缩短船公司的运期。

上海集装箱码头有限公司闻此"金点子"欣喜万分，当即委托设计单位按倒航方案重新规划。1998年12月28日，在宝山港区超大型船舶进出港池可行性研究项目论证会上，专家组认为，倒航可行性研究立题具有创新精神,设想大胆新颖,具有在全国各港口推广的价值。

逆向思维是一种辩证思维,它不同于一般的形式逻辑思维,他要求人们跳出单向的线性推导路径,在逻辑推理的尽头突然折反,思路急转直下。作为一种特有的生存智慧,往往能产生出奇制胜的效果。

逆向思维的最大特点就在于改变常态的思维轨迹,用新的观点、新的角度、新的方式研究和处理问题,以求产生新的思想。

手岛佑郎是一个先后在以色列和美国钻研犹太商法达30余年的博士。一天,他做了一次题目为《穷,也要站在富人堆里?!》的演讲,演讲中,他一一例举了犹太商法的32种智慧。这时,一个迟到的听众递上一张纸条,问到底什么是犹太商法。

手岛佑郎毫不思索,大声说道:我在解释之前,先向你提三个问题吧。

第一个问题:如果有两个犹太人掉进了一个大烟囱,其中一个身上满是烟灰,而另一个却很干净,那么他们谁会去洗澡?

听众一笑:"当然是那个身上脏的人!"

手岛佑郎也是一笑:"错!那个被弄脏的人看到身上干净的人,认为自己一定也是干净的,而干净的人看到脏的那个人,认为自己可能和他一样脏,所以是干净的人要去洗澡。"

第二个问题:他们后来又掉进了那个大烟囱,情况和上次一样,哪一个会去澡堂?

听众皱了皱眉:"这还用说吗,是那个干净的人!"

手岛佑郎还是一笑:"又错了!干净的人上一次洗澡时发现自己并不脏,而那个脏人则明白了干净的人为什么要去洗澡,所以这次脏人去了。"

第三个问题:他们再一次掉进大烟囱,去洗澡的是哪一个?

听众这次谨慎多了,支吾:"这?是那个脏人。不,是那个干净的人!"

手岛佑郎大笑:"你还是错了!你见过两个人一起掉进同一个烟囱,结果一个干净、一个脏的事情吗？"

犹太人从商的英名如此享誉世界，不可不说其反复逆向的换位智慧已经臻至进境。方位逆向，交换的可能只是物理的位置，获得的却是不可逆的、宝贵的时间。

人与人在思维上的方位逆向，在生活中也能体现出达观机智的精神以及幽默的效果。

有一家人决定搬进城里，全家三口，夫妻俩和一个5岁的孩子。他们跑了一整天，直到傍晚，才好不容易看到一张公寓出租的广告。于是，夫妻俩前去敲门询问，可房东遗憾地说："啊，实在对不起，我们公寓不招有孩子的住户。"

夫妻俩听了，一时不知如何是好，默默半晌，走开了。

那5岁的孩子，把事情的经过从头到尾看在眼里。忽然，他跑了回去，又去敲房东的门。门开了，房东又出来了，只见孩子精神抖擞地说："爷爷，这房子我租了。我没有孩子，只带着两个大人。"

房东听后，高声笑了起来，决定把房子租给他们住。

同一个意思同一群人，但是"两个带着孩子的大人"和"一个带着两个大人的孩子"这样简单的逆向表述，竟然在简单的语序换位中应合了不合理的要求，这个聪慧的孩子巧用"方位逆向"为自己带来了幸福。

第三，思维偏移也是突破性发现的好方法。

思维偏移也称换轨思维，一个非常有启发的故事是：第二次世界大战后，美国建筑业大发展，导致泥瓦工人一时供不应求，每天工资涨到15美元。一个叫麦克的人看到许多"征泥瓦工"的广告，但他却不去应征，而是去报社登了一条"你也能成为泥瓦工"的广告，打算培训泥瓦工。他租了一间门面，请了师傅，教材是1500块砖和少量砾石。那些想每天挣15美元的工人蜂拥而至，使麦克很快获得了3000美元的纯利，相当于他自己去当泥瓦工200天的收入，而他独特的思维方式使他迈进了管理者阶层。

当所有的思考都涌向某一方向时,最聪明的头脑是:清醒地反思一下,看看还有没有别的思路,因为挣钱更需要的是独特的智慧而不是简单的随大流。

一个有趣的例子是:

村里号召一起开山,大家都把石块砸成石子运到路边,卖给建房的人;有一个小伙子却直接把石块运到码头,卖给杭州的花鸟商人,因为这儿的石头都是奇形怪状的。3年后,小伙子成了村上第一个盖起瓦房的人。

后来,上级规定不许开山,只许种树,于是这儿成了果园。村民们把堆积如山的梨子成筐地运往北京和上海,然后再发往韩国和日本,因为这儿的梨汁浓肉脆。曾卖过石头的那个小伙子卖掉果树,开始种柳。因为他发现,来这儿的商客不愁挑不到好梨子,只愁买不到盛梨子的筐。5年后,他成为第一个在城里买房子的人。

换轨思维是一种工具,但同时又是一种境界,具有普遍的文化价值。

下面这道国外课堂上的例题具有一定的象征性,对于不同文化背景的人而言,结论可能不一样:

一个风雨交加的夜晚,某人驾车在乡村公路上驶过,这时,他看见有3个人正在路边焦急地等着搭便车:一个是患了重病的老太太,一个是救过自己命的医生,一个是自己心仪已久的漂亮女郎,而此车只能搭载一人,问,第一个应该搭载谁?

有趣的是,在国外学习的一些中国留学生对于这道题目,往往很难下结论。因为在他们面前,第一反应是文化性的,即在国内多年"先人后己"教育下的结论——"无私",然后才是两难的伦理选择,先救病人还是先救医生?至于漂亮女郎,表面上只能放到最后选择,因为这符合我们的伦理秩序。

然而,有些国外学生竟然做出了这种巧妙的回答——把车钥匙交给医生,让他送老太太去医院,自己则陪漂亮女郎一起在风雨中前行。

思维阻滞现象常常是因为思考过于专注在某一特定焦点和既定的轨迹上,那么,要想获得突破性发现,最好的办法就是思维偏移,即从主流方向稍做偏移,以寻找新的出路。

孙膑是我国古代著名的军事家,他的《孙膑兵法》到处蕴含着变通的哲学。

孙膑本人也是一个善于变通的人。

孙膑初到魏国时,魏王要考查一下他的本事,以确定他是否真的有才华。

一次,魏王召集众臣,当面考查孙膑的智谋。

魏王坐在宝座上,对孙膑说:"你有什么办法让我从座位上下来吗?"

庞涓出谋说:"可在大王座位下生起火来。"

魏王说:"不行。"

孙膑说:"大王坐在上面嘛,我是没有办法让大王下来的。不过,大王如果是在下面,我却有办法让大王坐上去。"

魏王听了,得意洋洋地说,"那好,"说着就从座位上走了下来,"我倒要看看你有什么办法让我坐上去。"

周围的大臣一时没有反应过来,也都嘲笑孙膑不自量力,等着看他的洋相呢。这时候,孙膑却哈哈大笑起来,说:"我虽然无法让大王坐上去,却已经让大王从座位上下来了。"

这时,大家才恍然大悟,对孙膑的才华连连称赞。

魏王也对孙膑刮目相看,孙膑很快就受到魏王的重用。

最后,任何时候,都不要小看你脑子中一闪而过的那些想法,哪怕看起来是荒诞不经的可笑的念头,因为那都是瞬间迸发出的思维火花。

一个生动而强烈的意象、观念突然闪入一位作家的脑海,使他生出一种不可阻遏的冲动,想要提起笔来,将那美丽生动的意象、境界移向白纸。但那时他或许有些不方便,没有立刻就写。尽管那个意象不断地在他脑海中闪烁、催促,然而他还是喜欢拖延,以致一切逐渐地模糊、退色,终于整个消失。

一个神奇美妙的印象突然闪电一般地袭入一位艺术家的心灵,但是他不想立刻提起画笔,将那不朽的印象表现在画布上。尽管这个印象占领了他全部的心灵,然而他终究没有跑进画室,埋首挥毫,从而最后这幅神奇的图画会渐渐地从他的心灵中消失。

许多灵感都产生在"非常"的场合或时间,甚至在梦中。当灵感到来之时,它是这样的强烈而生动;当它离去之时,又是这样的迅速而飘忽!如果不及时抓住,它就会像一只狡猾的狐狸般溜掉。

爱迪生曾经这样呐喊:"一个人应当更多地发现和观察自己心灵深处那一闪即逝的火花。"

关于牛顿与苹果的故事已流传很广。1665年,在一个美丽的月夜,牛顿正坐在院子里,好像在思考什么。突然一只苹果落到地上,打断了他的思路。爱想、爱问、爱思考的牛顿把思路转向了苹果落地,他想,为什么苹果不能飞到天上去,而是落在地面上?可能是因为苹果熟透了,它离开了树枝无可依靠才向下面坠落;也可能就是因为大地对苹果有吸引力,所以它才被吸到地面上来。我们人不也是一样吗?地面上的东西不都是一样吗?都是紧紧被地面吸住而不能离开。但是天上的月亮为什么不掉下来呢?它也是挂在空中,无依无靠,是不是也应该落到地上来呢?可事实并不是这样,那是什么道理呢?这一连串的问题叩响了牛顿的心扉,他紧追不放,一定要搞个明白。经过长期的研究,终于发现了自然界最大奥秘之一的万有引力定律————牛顿运动第三定律。

而有意思的是,在科学界,很多的发现和发明都与梦有关,元素周期表的发现就是一例。

1869年,科学家已经发现了63种元素,所以他们无可避免地想到,自然界是否存在某种规律,使元素能有序地分门别类、各得其所?35岁的化学教授门捷列夫苦苦思索这个问题,夜以继日地思考分析,简直是着了迷。一天,疲倦的门捷列夫进入了梦乡,在梦里他看到了一张表,元素纷纷落到合适的格子里。醒来后他立刻记下了这个表的设计原理：元素的性质随原子序数的递增，呈现有规律的变化。

半个多世纪前，日本横滨市有个叫富安宏雄的居民，因患病整天躺在床上，他辗转反侧，难以入眠。一天，他床边的火炉正在烧开水，茶壶盖子上迸出白色的水汽，并且发出"咔嗒咔嗒"的声音。富安宏雄觉得那种声音实在不好听，气恼之下，拿起放在枕头边的锥子用力地向水壶投掷过去。锥子刺中了水壶盖子，但是并没有滑落下来。奇怪的是，这样一刺，"咔嗒咔嗒"的声音反而立刻停了下来。他感到很诧异，整个人被这个意外的事实震慑住了。富安宏雄无法入睡了，他开始在床上大动脑筋。以后他亲自试验了好几次，证实如果水壶盖上有个小孔，烧开水时就不会发出声音了。于是他琢磨道："我必须把这项创意好好利用，尽全力让它开花结果才行！"他拖着病躯奔走了一个月后，其创意终于被明治制壶公司以2000日元买了下来，当时的2000日元约等于现在的1亿日元。

富安宏雄将水开了要响的茶壶变成不响，因而赚了1亿日元；我国又有企业家特意将茶壶变成响壶而赚了大钱。某水壶厂厂长听到朋友抱怨烧开水时经常因为忙家务、忙其他而忘记正在烧的开水，他为朋友的水壶加了一个可以被水蒸气吹响的哨子，大受朋友的赞扬。厂长推而广之，将加了哨子的水壶变为"响水壶"，大批量推向市场，使工厂成了当地的知名企业。

他们肯定不是第一个发现同样问题的人，但别人抓不住而他们却抓住了。灵感总是来自不经意间，往往又稍纵即逝。如果你足够敏锐，抓住了它"灵光一现"的刹那，也许就能获得意外的惊喜。

正确对待困境，学会换位思考

但凡成功人士没有不经历失败的，没有不遭遇困境的，他们之所以能够成为成功者，是因为从困境中挣脱出来了。生活中，其实真的没有绝境，成功路上也没有迈不过去的坎。

有些人之所以不成功，是因为自己没有正确对待困境。其实，不管螺丝怎么设计，正向拧不开的时候，反向必定拧得开。山重水复，此路不通的时候，换换位，换换心，换换向，往往就会豁然开朗，柳暗花明。

生活中没有绝境，成功路上没有不可能，只有坚守这种信念，才会成功。

1.亿万富翁的财富都是"熬"出来的

想做一番大生意不是一件很容易的事情，每一个富翁的财富都是在商海中经历了一番不同寻常的搏杀得来的。生意的圆满如同人生的圆满一样，意味着必须走完全程，意味着必须历经千难万险，意味着就算身临绝境也要咬紧牙关继续向前奔跑，战斗到最后一刻。

"不要惧怕失败，即使被踩到泥土中，我们也不能甘心变成泥土，而要成为破土而出的鲜花，从绝望中寻找希望，人生终将辉煌。"说这番话的人叫俞敏洪，是新东方的一校之长。在从一个北大教师到一个"个体户"的过程中，俞敏洪可算是经历了一番折腾，用他的话说，好像他把以前从来没有经历过的事情都经历了,把一生中的挫折都尝过了。

当年,在北大教了4年书的俞敏洪看到他昔日的同学、朋友都相继出国了,他的心里也蠢蠢欲动起来,他开始紧锣密鼓地张罗着出国的事情。遗憾的是,在努力了3年半后,他的留学梦仍然无情告吹了。为了生计,也为赚点钱继续他的出国梦,俞敏洪在校外办起了托福班,为自己的出国学费快乐地忙碌着,他逐渐地感觉自己离那个出国梦一天一天地近了。

1990年一个飘落着细雨的秋夜,正当俞敏洪和他的朋友高兴地喝着小酒,聊着家常,描绘着他渐渐清晰的出国梦时,北大的高音喇叭响了,宣布了学校对他的处分决定。

学校这个处分决定被大喇叭连播3天,北大有线电视台连播半个月,处分布告在北大著名的三角地橱窗里锁了1个半月。北大的这种"礼遇",让俞敏洪没有面子在北大待下去,颜面扫地,只得选择离开。被赶出家门的北大教师,"逼上梁山",选择了做一个"个体户",一介书生,就此迈进江湖。

提起自己的成功,和自己往日为了生存而苦苦挣扎的经历,俞敏洪说:"当一个人在绝境中为生存而奋斗时,他做什么都不会感到有心理障碍的。"

这就是俞敏洪成功的理由,从最粗糙、最低级、最简单的事情开始,点点滴滴做起,不在乎世人的眼光与评价,即使身处绝境也毅然前行,不抛弃,不放弃,坚持到底。

漫漫创业路,如同在茫茫海上航行,有一帆风顺的时候,也有风浪袭头的时候。所以,在创业中总是伴随着困难和挫折,那些能够正确面对困难和挫折的人,财富的大门才会永远向他敞开;相反,那些面对挫折一蹶不振的人,永远也无法到达胜利的彼岸。

生活中的挫折是考验我们的创业意志是否坚强的一个重要标准,成功历来只青睐那些即使面对绝境也绝不屈服、绝不放弃的人。

雅诗·兰黛就是这样一个坚强执著的女人。

这个从贫民窟中走出来的传奇美丽女性，凭着自己的努力，成为世界上最富有的女性之一。《时代周刊》将这位化妆品女王评为20世纪最富有影响力的20位商业天才之一，但没有几个人知道在她创业的过程中充满了怎样的曲折和艰辛。向化妆品王国进军的时候，她已经是两个孩子的妈妈，她创办的化妆品公司当时只有她一个人，生产、销售、运输、策划等都是她一肩挑。有时候接电话，她不得不经常变化嗓音，一会儿装经理，一会儿装财务部的总监，一会儿装运输部的负责人。但是，即使这样，她也没有一刻放弃自己的梦想与追求，以一种常人难以想象和理解的毅力坚持了下来。

不仅仅是雅诗·兰黛，很多超级富豪的创业史都充满了辛酸，都经历过创业的危机，都遭遇过生意和生活破灭的绝境。

松下幸之助决定创业时，所有的钱加起来只有100元，连买一台机器都不够，加上又不懂技术，艰难可想而知。为了渡过难关，他不得不先后十几次将妻子的首饰衣服送进当铺，我们可以想象他在绝境中的迷茫、困惑和痛苦，这样的压力和苦难不是常人所能忍受的。但是，松下幸之助挺过来了，并且最终实现了他的财富梦。

正如巴尔扎克所说："世界上的事情永远不是绝对的，结果完全因人而异。苦难对于天才是一块垫脚石，对于能干的人是一笔财富，对于弱者是一个万丈深渊。绝境能造就强者，也能吞噬弱者。"

发明家爱迪生就是面对一次次巨大的挫折却毫不低头，经受住了一次次的考验，并且从一次次失败中吸取教训，最终才取得令世人瞩目的伟大成就。

阳光总在风雨后，梅花香自苦寒来。面对困境，创业者必须心态平和，理智应对，不仅要勇于面对，奋力拼搏，更要沉着冷静，能屈能伸，学会微笑和坦然面对人生，只有这样才能让你从困境中走出来，在事业上获得胜利、创出辉煌。

在创业致富的路上,当我们久久奋斗而不见成效时,一定要坚持住,因为那时或许距成功只有一步之遥了,只要我们把这一步跨过去,成功便唾手可得。无论多么难,都要坚信,只要坚持就会有希望,有转机,这世界上,从来没有真正的绝境,有的只是绝望的思维,只要心灵不曾干涸,再荒凉的土地,也会变成生机勃勃的绿洲。

财富往往是"熬"出来的,很多首富之所以能够白手起家,并不在于他们比我们更聪明,而在于他们比我们更能"熬",看准了,绝不放弃,越"熬"就会越有希望。对于很多创业的人来说,起点都是一样,谁胜谁负,比的就是"熬"的韧性和耐力。

2.善待危机,才能成就创业英雄

哈佛商学院教授理查德·帕斯卡尔说:"21世纪,没有危机感是最大的危机。"斯坦福大学则告诉我们,"危机"是每一个创业者都将会遇到和面对的,学习如何解决危机是一个创业者的必修课程。所谓"危机",是指能够对企业及其产品和声誉造成显性和潜在破坏的事件,危机的发生具有突然性和不确定性。

美国著名咨询专家史蒂文·芬克说:"企业经营者应该深刻认识到,危机就像死亡和纳税一样难以避免,必须为危机做好计划,充分准备,才能与命运周旋。"

任何事物都有两面性,危机既可以理解为险境降临,也可以理解为危境中的机会。辩证唯物主义认为,事物是螺旋式上升,波浪式前进,永远高亢,永远高速,是不可能的,也是不应该的。有上升就必定有下降,下降正是一种调整,是下一次上升的前奏。现实是最有话语权的,危机是弱者的死亡,却是强者的新生。

据全国工商联的统计资料显示,每年都有近百万的企业面临倒下的危机,每年又会生长出无数新的企业。

一个企业的成功或失败,与企业的主宰者和负责者如何把握危机与时机,有着重要的关系。

对一个聪明的创业者来说,危机的反面就是机会,你要紧紧地把它抓牢,把危机变成机会,没有经历过危机的创业者,永远也不会成熟。

正如古希腊一位哲学家曾经这样说过:"人类的一半活动是在危机当中度过的"。

在创业的道路上,如何居安思危,如何面对诱惑和得失是需要创业者认真思考的问题,我们最大的危机便是看不到危机,不知道如何应对危机。

人们常说,退一步海阔天空,但有时候,恰恰是"进一步海阔天空",可口可乐公司就曾上演了一幕"进一步海阔天空"的好戏。

第一次世界大战爆发以后,可口可乐的生产材料供应受到限制,与此同时,爱喝可乐的年轻人都被送到战场上去了,可口可乐的市场越来越小,销售量急剧下降。面临着巨大的灾难,可口可乐的老总非常着急。

这时一个人给他出了主意:你为什么总想战争是个灾难呢?怎么不倒过来想想,它也是个机会啊。对,我们完全可以把战争变成我们独特的机会。

于是,这位老总就找到军方的领导,对他们说:"我们的年轻人已经习惯了可乐的口味,他们冒着生命危险上战场为国家打仗,我们国家应该满足他们这点小小的习惯,让他们在战场上照样喝可乐!"

军方领导一想:"对啊!这样可以鼓舞士气,太好了!"于是就下令大量购买可口可乐。美国的军队打到哪里,他们的士兵就把可口可乐带到哪里。这样一来,可口可乐不仅开发了比战前更大的销售市场,而且战争一结束,全世界都知道了可口可乐,可口可乐因此而绝处逢生。

中国人有讳言危机的传统文化心态,但在瞬息万变的市场条件下,在与国际接轨进程中,企业在经营运作中遭遇危机已无可避免。

在商业活动中,危机就像流感病毒一样具有"传染性"。如果一个企业平时报喜不报忧,危机来临前没有做准备,危机到来后采取"鸵鸟"政策,结果只有死路一条。实际上,危机不仅带来麻烦,也蕴藏着无限商机,危机本身就是树立品牌的机遇。创业者身处一个充满竞争的环境中,任何挑战都要勇敢地独自面对。对于危机,是否有成熟的应对机制,对一个刚刚开始创业的创业者来说,意义十分重要。

如果你的竞争对手遇到了危机,你能否把握住这次扩大市场份额的机会?

如果你的企业遇到了危机,你能否妥善处理好危机,并能够从危机中获利?

如果你的企业遇到重大的、具有负面影响力的危机事件时,你如何在危机中运作自如,保持企业运作的平稳,并"化危机为商机"呢?

商海无情,现实残酷,危机如影随形,在创业过程中,不要等危机找上门才被动应战,主动出击寻找潜在危机,灭危机于襁褓中,居安思危才是创业者最明智的做法。

这个世界只在乎你是否达到了一定的高度,而不在乎你是踩着巨人的肩膀上去的,还是踩在粪堆和垃圾上去的。人类本身就是从危机中诞生,危机来临时应该勇于面对。"善待"危机将成就创业"英雄",将"危机转换为商机"才是创业者经营管理的最大成功。

创业艰难百战多,对于大多数创业者来说,在这个漫长的过程里,总是会遇到许多危机。这许多的危机里也蕴藏着许多的机会。一个聪明的创业者,会把这些困难、挫折看成一块块垫脚石,勇敢地将它们踩在脚下。

3.人生是"不公平"的,你要习惯适应它

"人生是不公平的,你要习惯适应它。"这是比尔·盖茨赠给青年朋友的十句话之一。比尔·盖茨是清醒的,也是冷酷的,他用这句话告诉青年朋友们一个事实,那就是人生的不公平。

很多时候,从很多年前起,青少年朋友就被家长和老师教育,要追求公平,要信任公平,这个世界是公平的,生活是公平的。但是,成为世界首富的比尔·盖茨,却告诉青年朋友们世界不公平,生活不公平,人生不公平,他没有告诉青年朋友们要改变这样的不公平,要抗拒这样的不公平,而是要青年朋友们适应这个不公平。

在这一点上,比尔·盖茨是清醒的,也是真实的。很多时候,我们的教育往往遮盖了这个现实,从而导致了我们的教育跟现实脱轨,以致我们的青年朋友在走出学校之后,突然发现书本上写的和现实世界格格不入,深深地陷入了尴尬与无奈中。

为什么有些人美丽漂亮,有些人丑陋庸俗;有些人高,有些人矮;有些人能一目十行,有些人十目都看不了一行;有些人家财万贯,有些人寅吃卯粮;有些人生在贫困战乱的地区,有些人生在富裕安定的国家?一句话,这个世上没有绝对的公平,如果真的绝对公平了,反而是另一种不公平。

作为一个在商海中闯荡沉浮的创业者,要时时刻刻明白这一点,以平常心接受这个现实。在不公平的人生中找到自我,平衡心态,通向成功。

毕业于河北工艺美术学校的阎士杰,为了求取更多的知识,攀登更高的平台,打算去天津美院自费进修油画专业。但是,进修需要的费用对于当时的阎士杰来说却是一笔巨款,为了凑够进修费,阎士杰动起了

脑筋。当时,元宵节快来了,他认为卖灯笼会很赚钱,可惜的是因为种种原因,那一年灯会取消了,他的算盘落空了。这次的挫折并没有让阎士杰失望,他决定转行做装修生意。1987年,他东拼西凑借了1000元钱,创办了一家装修公司。

因为受过专业的艺术教育和熏陶,他有着比普通人更加敏锐的眼光和更加专业的水准,他以艺术家特有的完美主义,把装修做成了一门艺术。很快,阎士杰和他的装修公司就出名了,一时间生意兴隆得不得了,连邢台市市长也慕名而来,聘请阎士杰的装修公司去装修一个机场候机室,但是,只给了他一个月的时间。市长对他说:"如果你不行,我马上请别的装修公司。一个月后,飞机场必须通航。"

阎士杰答应市长之后就后悔了,因为他看到要装修的候机室竟是一个20世纪50年代的破机库,机场空旷得甚至能把狼给招来,工人们只能住在羊圈里。可是,已经答应下来的事情是不能随便更改的,毁约的话就是在砸自己的饭碗,以后自己的公司也没有办法混了。阎士杰带着手下一帮工人,开始没日没夜地拼命。整整一个月,阎士杰和手下的装修工人形同乞丐,就是这一群累得和乞丐差不多的人,按时完工了。

飞机场改建工程完工后,阎士杰的装修公司更是名声大振,他一面圈进财富,一面向外扩张,短短几年时间,就完成了原始积累。阎士杰开始向更大的目标前进,他靠着自己的智慧和努力,成功改变了自己的人生。

生活不可能时时处处都去适应我们,也不可能为了适应我们而发生改变,既然无法让生活适应自己,那么我们就必须学会去适应生活。

面对困境,抱怨是无济于事的,也是苍白无力的,只有通过努力才能改善处境。许多成功的人往往就是在克服困难的过程中,形成了高尚的品格。相反,那些常常抱怨的人,终其一生,也无法产生真正的勇气、坚毅的性格,自然也就无法取得应有的成就。与其毫无意义地抱怨和唠叨,不如去寻找那些值得欣赏的东西,赞美它、支持它、拥护它、理解它,你就会发现结果大不相同,嘲弄和抱怨是慵懒、懦弱无能的最好诠释。

生活中,许多人都会犯的一个错误便是为自己、为他人所受到的不公平感到遗憾,认为生活应该是公平的,或者认为终有一天会是公平的,于是抱怨、叹息、等待……其实生活本来就不是绝对公平的,现在不是,将来也不是。一味地沉浸在探究生活的公平与不公平中,将会虚度时光,陷入困境。只有正视这种现实,努力生活,努力工作,才会找到属于自己的那份公平,从而把不公平甩在身后。

其实所谓的公平,就是每个人对自己期望的看法而已,你认为的公平未必就是真正公平的,而真正的公平也未必是你所认可的公平。因此,我们要拥抱生活中的不公平,学会接受它,这样才可以去改变它,影响它。

承认人生并不公平需要一种勇气,但是我们必须认识到这一点,只有认识到这一点,才能激励我们去尽己所能,而不再自我感伤。只有承认生活是不公平的客观事实,并接受这不可避免的现实,放弃抱怨、沮丧,以平常心、进取心对待生活,我们才能离公平更近。

延伸阅读:

斯坦福大学的腾飞

斯坦福大学全称是小利兰·斯坦福大学,是由当时的加州铁路大王,曾担任加州州长的老利兰·斯坦福为纪念他在意大利游历时染病而死的儿子,捐钱在帕洛·阿尔托成立的大学。他把自己8180英亩用来培训优种赛马的农场拿出来作为学校的校园,这一决定为以后的加州及美国带来了无尽的财富,尽管当时这里在美国人眼中还是荒凉闭塞的边远西部,直到现在,人们还称斯坦福为“农场”。因此,在斯坦福大学,自行车是学生们必备的交通工具。

20世纪60年代,当加州大学伯克利分校在学术和学生运动上双双远近驰名之际,斯坦福大学却还"默默无闻"。斯坦福的腾飞,是20世纪70年代之后的事,恐怕我们还得归功于斯坦福的"大"。斯坦福大学拥有的资产属于世界大学中最大的之一。它占地35平方公里,是美国面积第二大的大学。8000多英亩的面积,学校想怎么样用也用不完,于是1959年工学院院长特门提出了一个构想——这便是斯坦福大学的转折点:将1000英亩以极低廉、只具象征性的地租,长期租给工商业界或毕业校友设立公司,再由他们与学校合作,提供各种研究项目和学生实习机会。斯坦福成为美国首家在校园内成立"工业园区的大学"。得益于拿出土地换来巨大收获这个建议,斯坦福使自己置身于美国的前沿:"工业园区内企业一家接一家地开张,不久就超出斯坦福能提供的土地范围,向外发展扩张,形成美国加州科技尖端、精英云集的"硅谷""。斯坦福大学被科技集团与企业重重包围,与高科技,与商界,更与实用主义和开拓精神这些典型的"美国精神"建立了密切的联系。随着美国西海岸高科技带的兴起,各个电脑公司,包括"世纪宠儿"微软公司纷纷在这一线安营扎寨,斯坦福大学的地位越来越举足轻重。

斯坦福大学被《美国新闻与世界报道》评为全美第5名明星级大学,全美学术排名第一。2002年《美国新闻》公布了最新的全美研究生院排行,工程学院属全美第二,教育学院全美第二,商科研究生院更是高居第一,企业管理研究所和法律学院在美国数一数二,法学院在美国法学院排名中也一直位于前列。曾一度,美国最高法院的九个大法官,竟有六个是从斯坦福大学的法学院毕业的。博士课程排名中,生物学第一,计算机科学与卡内吉·梅隆大学、麻省理工学院、加州大学伯克利分校并列第一,地质学第三,数学与普林斯顿大学、加州大学伯克利分校并列第三,物理学与哈佛大学、普林斯顿大学、加州大学伯克利分校并列第三,应用数学第四,化学第五。其他名列前茅的课程还有英语、心理学、大众传播、生物化学、经济学和戏剧。据最近一份官方统计表明,斯坦福大学应届毕业生年平均收入高居全美大学之冠。

根据统计资料，斯坦福大学1300多位教授中，有27位诺贝尔奖得主，5位普利策奖得主，228位美国艺术科学院院士，135位国家科学院院士和21位国家科学奖得主，并且有67位学生获得过罗德奖学金——就是克林顿总统曾经获得，被选送到牛津深造的那种奖学金。

斯坦福大学的学制与其他大学不同。在校规中，把一年分成四个季度，学生们每段都要选不同的课，因此，斯坦福大学的学生比那些两学期制大学的学生学习的课程要多，压力也比其他大学学生要大。斯坦福的学生必须在九个领域完成必修课，其中包括文化与思想、自然科学、科技与实用科学、文学和艺术、哲学、社会科学和宗教思想。除此之外，学生的写作和外语必须达到一定标准。斯坦福大学最近把非西方社会作家的作品加入到它全年的"西方文化核心教纲"中时，引起了学术界的注意和震动。

斯坦福大学的楼房都是黄砖红瓦，四平八稳，一律是17世纪西班牙的传道堂式——没有哈佛、耶鲁大学那些年代不同、风格各异的楼房，更少了东北部大学墙壁上爬满的常春藤。进入大学，首先看到的是土黄色石墙环绕下的红屋顶建筑，拱廊相接，棕榈成行，在古典与现代的交映中充满了浓浓的文化和学术气息。中心广场是斯坦福的主要部分，在它的四周，商学院、地学院、教育学院、工学院、法学院、医学院等星罗棋布。往外，就是斯坦福科学园区、植物园、高尔夫球场和若干个科学试验场，斯坦福大学中最有名的建筑是斯坦福纪念教堂。设计斯坦福校园的，正是著名设计家弗莱德里克·欧姆斯泰德，著名的艾姆赫斯特学院也是他设计的，而他最为人称道的传世之作，是纽约曼哈顿的中央公园、旧金山的金门公园。他的特色是自然森林式设计，加上自由曲线的道路。可是斯坦福却没有这样的特色，给人印象深刻的却是毫无自然意味，显示人工规模的好几公里的椰子树大道。

斯坦福大学设有30个图书馆，不仅藏书650多万册，而且全电脑化管理。校内设有7000多部电脑供学生使用，亦设有多个电脑室及电脑中心为学生提供服务，学生可利用网络与校内的师生联系。此外，校内的体育设施也很多，有能容纳85000人的体育馆、高尔夫球场和游泳池等，充分体现了校园面积大的好处。

校本部有斯坦福医疗中心，该中心附设有一所拥有570张病床的医院、一处生物保护区和一个天线系统。图书馆藏图书包括交通、音乐、现代英语和美国文学等方面的特殊资料。此外，该校拥有食品研究中心、霍普金斯海洋站及设在德国、法国、意大利、英国和奥地利的5个分校，半数以上的大学生可前往度过为期半年的学期。

斯坦福大学所在的帕洛·阿尔托市与旧金山相邻，乘坐汽车只需要1个小时便可到达旧金山。自1950年以来，由于高科技产业密集崛起成立造就了世界科技重镇"硅谷"，除了居高科技领导地位与热络的商业活动外，约有6万居民的帕洛·阿尔托亦拥有100多年的历史文化与许多古迹与遗迹，因此新旧融合也是这个城市的一大特色。帕洛·阿尔托拥有许多公园绿地(至少34座)及广大的开放绿地空间，加上坐落于湾区，自然景观与休憩资源也相当丰富，因此虽然这城市地价高昂，但也提供了相对优质的生活环境，适合工作及定居。

一个人失败的原因，90%是因为这个人的周边亲友、伙伴、同事、熟人大都是失败和消极的人。如果你习惯选择比自己低级的人交往，那么他们将在不知不觉中拖你下水，并使你的远大抱负日益萎缩。

——来自斯坦福大学的调查

第四章

财商高的人善借外力生财

拿破仑曾经说过一句这样的话："懒而聪明的人可以做统帅。"

所谓"懒"，指的就是不逞能，不争功，能让别人干的自己就不去揽着干。所谓"聪明"就是尽量借助别人的力量——这在某种意义上来说，是在告诫现实生活中那些渴望成功的人要善于"借力"。别人会干，等于自己会干。

我们都认为，凭自己的能力赚钱是真本事，但是，我们却很少思考如何能巧妙借他人的力量赚钱。

"我之所以成功是因为有更多的
成功人士在为我工作"

比尔·盖茨曾说:"我之所以成功是因为有更多的成功人士在为我工作。"他的话阐述了这样一个真理:当下是一个共赢的时代,没有合作,成功便无从谈起。

世界著名激励大师安东尼·罗宾曾经说过:"我所认识的全世界所有的成功者最重要的特征就是创造人脉和维护人脉。人生中最大的财富便是人脉关系,因为它能开启所需能力的每一道门,让你不断地获得财富,不断地贡献社会。"

1.只有依靠人脉,才能捕获到更多的优势

在这个世界上,任何一项事业的成功都少不了人脉的协助。

想象一下,假如你离乡背井,初到他乡创业谋生,不知何处才是落脚地。就在你感到茫然无助的时候,突然遇到一两位好心人替你指点迷津,并且解决了你的难题,此时的你心中会洋溢出怎样的幸福?

成功学之父卡耐基说过:"成功=15%的技能+85%的人脉。"如果你善于经营,把你人脉网中的每一个人经营成你的贵人,那么你的资源会更丰厚,对于未来的成功也就更有保障,尤其是在人生的创业初期,如果你有充足的人脉资源,那无异于是锦上添花,你的事业又多出了几分

动力与希望。

提到"搜狐"二字无人不知,而搜狐首席执行官掌舵人张朝阳在创业初期受阻时,正是碰上了尼葛洛庞蒂这个贵人,有了他的相助才走上了如今的辉煌之路。

1996年的中国,绝大多数人还不知道互联网为何物,而凭借中国互联网发迹的首富——张朝阳,他的互联网创业之路也正是在这一年正式起步的。创业之初,张朝阳整日奔波在纽约和波士顿。那时候的他手头上并没有什么实际可供出售的商品,只有一份商业计划书,而且写着今天看起来还并不成熟的商业构想。

当张朝阳不知疲倦地奔波于美国和中国,想找到一些投资商,然后在中国实践他的互联网商业理想时,却因为当时的美国风险投资人远不像今天这样对中国创业者感兴趣而受阻。但是,就在这时,张朝阳却拿到了一笔17万美元的风险投资。作为主要投资人的尼葛洛庞蒂(实际就是麻省理工学院媒体实验室主任)这样说道:"我虽然并不认识张朝阳,但是我确实知道互联网是很重要的,也知道中国是重要的,我还知道张朝阳是一个很聪明的人,这就够了。正是基于这几点,我才投资。"

很快张朝阳借助这笔资金,在北京创立了爱特信公司,这家公司也就成为事实上的中国第一家借助风险投资建立的网络公司。1998年2月,张朝阳推出号称"中国人自己的搜索引擎"——搜狐。

对于投资的受益人张朝阳来说,正是由于尼葛洛庞蒂的投资,从某种程度上改变了自己的命运,因为尼葛洛庞帝投给他的不仅是资金,还有信心和知名度,而这种完美的双赢局面当初又有几个人能预见?

有句俗话说"七分努力,三分机运"。在攀上事业高峰的过程中,贵人相助往往能够起到事半功倍的效果,而且有了贵人相助,不仅能替你加分,还能增加你的筹码及成功概率,尤其对于一个想跨过创业初期艰难的商人来说，一定得要有一个强有力的人脉的资助。

苏宁电器自成立以来曾多次获得"国内十大最具影响力企业"的称号，不仅如此，苏宁电器还获得"中国商业名牌企业"、"首届中国优秀民营企业"、"2005年度中国著名品牌200强"等荣誉。苏宁电器在深交所上市以后，2005年中国股市第一高价股成就其"中国家电连锁NO.1"的美名，而董事长张近东也因此被冠以"中国现代商圣"的美称。

张近东生于江苏，兼具北方人的豪爽与南方人的缜密，待人接物一向礼数周全而且真诚义气。正是这种性格使他结交了各行各业的众多朋友，也催生了今日的苏宁。在一次《财经》杂志的专栏采访中，张近东告诉记者："任何美誉度只能代表外界对苏宁的一种极大程度的认可，中国家电连锁业如何营造一种厂商之间鱼水情深的氛围，是目前最关注的问题。在商言'义'是现代企业发展的命脉，也是苏宁对厂商关系定下的原则。"

2004年7月22日，张近东在深圳为苏宁正式登陆中小企业板举办的晚宴，俨然成了家电大佬的私人聚会。海尔、康佳、创维、长虹、TCL和科龙等国内著名家电品牌的领军人物纷纷到场，嘉宾甚至还包括已经鲜在公众场合露面的春兰集团总裁陶建幸、美的集团董事长何享健、海信集团董事长周厚健等。

张近东表示："财富只是企业的一部分，对于商业连锁企业而言，更重要的是人脉，也就是厂商关系。无论是制造商还是销售商，在整个产业价值链上都是增值型的服务商，都以服务、信誉和创新来不断创造自身和消费者的价值，进而提升整个产业链的价值。因此从这个意义上说，苏宁电器和各厂家是最忠实的合作伙伴。"

不难看出，张近东似乎更确信找到了一条他认为正确的企业发展道路——"人脉优势定天下"。

中国自古就有成大事者必有贵人相助之说，对于创业者而言，更是少不了贵人的帮助。没有贵人本杰明·格雷厄姆的倾心扶持,巴菲特不会成为取代比尔·盖茨世界首富位置的"股神";没有贵人余蔚的投资,江南春的分众传媒恐怕无法摆脱困境;没有贵人宁高宁,牛根生也许难以走出"三聚氰胺"等事件带来的阴影……成功人士无一不是有一条成功的秘密捷径:"密切彼此的友谊和获得发展的机遇。"

从某种意义上来讲,人脉是机遇的介绍人,而且只有依靠人脉,才能捕获到更多的优势,从而在业界"占山为王"。

2.穷人和富人的差距,关键在于你站在什么样的人脉圈里

穷人和富人的差距,关键其实不在于才华的多少,而在于各自所处的圈子和接触的人,就是"人脉"二字。

王效杰是一名硕士一年级研究生,因为他是一个从农村走出来的大学生,所以一直都觉得自己和城里的孩子有差距,在同学中他也总是自嘲,以"穷人"自居。平常的王效杰不大喜欢和那些家庭条件好的同学待在一起,总是喜欢和同一层次的"难兄难弟"在一起。而由于那些人大多本科读完后就进入了社会,受多了社会的熏陶,言语上不仅很粗鲁,而且有些消极避世。王效杰和他们待的时间长了,也逐渐开始学会抱怨连连,而且还变得不思进取起来。

就这样消极了将近一年,当王效杰拿着一年下来不高不低的学术成绩站在那些兴高采烈的研究生群中时,却突然明白了一件事,对于一个刚刚走入研究领域的学生来说,要想真正地证明自己的能力,而且走出"穷人"的圈子,只有通过与那些自己认为更优秀的人接触,才能真正提升自己的自信心, 同时让自己变得和他们一样的优秀。于是,在新学期开学的第一天,王效杰便报名参加了微软亚洲研究院访问学生。

初到那里,王效杰就感觉到和优秀的人一起思考和讨论问题是一种享受。他会时刻感觉到思维的冲击和碰撞,这个过程迫使他更快地把对问题的认识提升起来,同时也让他认识到自我思维的潜力,因为即使再卓越的人也有无法想到的方面,而自己也有可能超越他们的想法和做法。一期的学习生活结束之后,王效杰不仅找到了自信,而且已经能像其他优秀的人士那样生活,那样去开拓自己的未来了。

很多时候,大多数的穷人,交际的圈子里绝大多数也只是穷人。久而久之,心态成了穷人的心态,思维成了穷人的思维,做出来的事也自然就是穷人的模式。

而相对于穷人来说,富人偏偏最喜欢结交那种对自己有帮助,能提升自己各种能力的朋友,他们不纯粹放任自己仅以个人喜好交朋友。在他们的眼里,只要是能够对自己有帮助的,而且实力在自己之上的,他们绝对不会放过结交的机会,因为他们明白,只有这样,自己才能从他们身上学到成功的秘密,从他们那里截取到更多有利于自己成长的东西。

比如很多穷人在创业初期,总是喜欢拿资金量太小,不会有大发展等借口来安慰自己。或许从整体情况来看,的确如此,由于资金量小,业务半径就短,市场范围就小。但是换个角度来说,这也许恰恰是穷人创业的"短处"所在,为什么业务量不能上升?为什么市场范围小?就是因为识人不广,而且不懂得"人脉"结交的"富裕潜规则"。

要想真正实现从穷人到富人的蜕变,就应该学会努力进入"富人"的圈子,用富人的方式去思考,去办事。

谢方瑜是一名普通的办公室文员,她来自一个蓝领家庭,平时不怎么喜欢结交朋友。和她经常在一起的几个朋友,也同她一样,都是一些为了生活而到处奔波的打工者。为此,谢方瑜时常郁闷,为什么自己和朋友就永远都只能做一个打工者呢?

在谢方瑜的公司里,和她一个部门的田丽丽是一位很优秀的经理助理,而且拥有许多非常赚钱的商业渠道。她生长在富裕家庭中,而且她的同学和朋友都是学有专长的社会精英。相比之下,谢方瑜与田丽丽的世界根本就是天壤之别,所以在工作业绩上也无法相比。

因为刚来公司不久,谢方瑜不知道该如何与来自不同背景的人打交道,所以少有人缘。一个偶然的机会,谢方瑜参加了某项职业能力提升培训,她才得知,原来自己之所以一直这样"默默无名",与自己所结交的人和事有很大的关系。

她回家后仔细地分析了一下,因为平时和那些姐妹们在一起不是抱怨生活,就是抱怨自己的命运有多么坎坷。而且通常那些朋友也和她一样,常常为了一点事情就沮丧不已。真正出了什么事情,彼此之间却因为能力有限而帮助不了对方。

从那以后,她开始有意识地在公司多和田丽丽联系,并且和田丽丽建立了良好的私人关系。私下里,她通过田丽丽认识了许多大人物,而事业上也开启了新的篇章。

的确,朋友之间的相互影响,会有潜移默化的作用。也许你今天胸怀壮志,准备干一番大事业,但是你的朋友却渴望安逸、平静的生活,于是在他的影响下,你的这番心思也渐渐地被淡化。慢慢地,就如同过往尘烟,一吹即散了。

也许,很多人会说,如果带着这种"有色眼镜"去看人,未免有点太不地道。其实不然,如果你平常只知结交一些一无是处的朋友,他们只会接受你给他们的帮忙,而在你处于困境时,对方却因为自身能力有限无法帮助你什么,这时你等待的结果也只能是失败。所谓"近朱者赤,近墨者黑",如果一个人总是在一些小圈子里面混,那么将永无出头之日。

成功是一个磁场,失败也是。一个人生活的环境,对他树立理想和取得成就有着重要的影响。周围的环境是愉快的还是不和谐的,身边有没有贵人经常激励你,常常关系到你的前途。

所以,我们要想"抬高"自己的价值,就必须往"比我们高"的人身边站。

要想成功,就要努力寻找成功的贵人,并与他们为伍。

国际级励志成功学大师,被尊称为"信心和潜能的激发大师"的陈安之,有一句经典语录:"要成功,需要跟成功者在一起。"大多数人体内都蕴藏着巨大的潜能,它酣睡着,一旦被外界的东西激发,就能做出惊人的事情来。因此,如果你与成功的贵人在一起学习,他们都非常热情,非常有行动力,你跟他们在一起,就会激发自己的潜能,不行动都不行。倘若你和一些失败者面谈,你就会发现:他们失败的原因,是因为他们无法获取成功的环境,因为他们从来不曾走入过足以激发自己、鼓励自己的环境中。因为他们的潜能从来不曾被激发,他们总是与失意者在一起抱怨,所以,他们没有力量从不良的环境中奋起振作。

一位百万富翁登门请教一位千万富翁。

"为什么你能成为千万富翁,而我却只能成为百万富翁,难道我还不够努力吗?"

"你平时和什么人在一起?"

"和我在一起的全都是百万富翁,他们都很有钱,很有素质……"

"我平时都是和千万富翁在一起的,这就是我能成为千万富翁而你却只能成为百万富翁的差别。"

斯坦福大学有一项调查结果证明,一个人失败的原因,90%是因为这个人的周边亲友、伙伴、同事、熟人大都是失败和消极的人。如果你习惯选择比自己低级的人交往,那么他们将在不知不觉中拖你下水,并使你的远大抱负日益萎缩。

周林和林彬是同一个班的一对好朋友,因为他们都特别喜欢打篮球。

当时班上对打篮球有这样一个不成文的规定:技术好点的打

"NBA"，技术不怎么样的就打"CBA"。对篮球有点了解的人都应该知道，NBA是国际高水平篮球的象征，那里聚集了全世界的篮球高手；而CBA只是中国地区性的篮球联赛，相比之下，当然NBA更具有水准。所以班里打球好的就成立了"NBA"，而剩下的就是"CBA"。

周林和林彬都是刚打篮球，技术当然不怎么样，所以刚开始只能和不会打球的同学一起打"CBA"，但是，只要"NBA"那里缺人，周林就会很积极地补上去。林彬很不明白，因为他们技术都不错，在"CBA"里面还是主力，就对周林说："他们缺人才喊你去的，你去了能干吗？连球都碰不到。"

周林确实连球都没怎么碰到，但过了些日子，他的篮球技术就越来越好了。一开始和林彬是平手，到后来甚至还能赢林彬几个球。林彬很不明白，难道自己的天赋没有周林的好，所以抓住周林要问个明白。

周林告诉他，是他喜欢和高手在一起打篮球，而林彬却不愿意。他和高手在一起打球，虽然没什么碰球机会，但能锻炼他的脚步移动速度，抢球技巧……而林彬虽然在"CBA"投篮不断，又号称主力后卫，每场比赛MVP(最有价值球员)得主，但又有什么用呢？技术还是那个破技术，没下降就不错了。

从打篮球这一点上可以看出，周林以后会是个很有作为的人，最起码他养成了一个喜欢和成功的贵人在一起的好习惯。想把篮球练好不一定非要找姚明陪你练习，只要打得比你好的人，你都可以向他们学习。不要总在"CBA"中当主力，这样你的篮球技巧永远都不会更好。

向成功的贵人学习成功的方法，不是要我们走他们的老路，而是要直接进入他们的经验、原则之中了解成功者的思维模式，并运用到自己身上。

陈安之老师说过："一个人要成功，有几个方法：第一，他必须帮成功者工作；第二，当他开始成功的时候，一定要跟更成功的人合作；第三，当你越来越成功时，要找成功者来帮你工作。"

只要你能依照这三个方法，按部就班地去做，你一定会非常成功。

要想成为有钱人，就要和有钱的贵人在一起。

这样你会得到很多理财的知识，在潜移默化的情况下，你很快就学会精打细算、善于投资、有一定的理财意识。偶尔，这个贵人还会跟你介绍一些赚钱的机会，常与这些人来往，你就很快会明白钱是如何赚来的。

周梅的朋友晓晴是个特别会理财的人，周梅一直都跟着晓晴学投资。晓晴买股票，周梅就买股票；晓晴投资房产，周梅也把自己的积蓄拿出来投资房产……周梅看到晓晴怎么理财，自己也会跟着做。两年下来，周梅发现自己的资产翻了十多倍。

后来，晓晴看到房地产产业的迅猛发展，就意识到房价会有一个上涨的过程，于是，就买了两套小户型进行投资。周梅和晓晴聊天的时候，意识到晓晴的这种做法应该不错，也买了两套房子进行投资。周梅把两套房子装修了之后，就租给了别人。看到房价不停地上涨，周梅很欣喜，她觉得晓晴真是个理财高手，自己跟着她投资真是跟对了。

俗话说，物以类聚，人以群分。要想有钱，变成富人，就要跟有钱的贵人一起。久而久之，你就会拥有富人的思维，向他们学习更多的经验，得到更多的启示。相反，如果你身边的人都是穷人，和你一样整天地吃喝玩乐。你就更容易没钱，久而久之，你就会觉得自己很缺乏赚钱的头脑，除了能学会节俭，你很难再向他们学到什么。

雅芳CEO钟彬娴曾经说过："找个贵人帮自己。"不论你多穷，只要想变得富有，你都可以做到。找个有钱的贵人帮助自己，即使这个贵人不能亲自帮助你理财，跟他站在一起也是好的。因为这样你可以汲取他们的致富思想，时间长了，你就会脱离贫穷，走向富裕。

总而言之，那些成功的杰出人士，他们的身边拢聚的不仅仅是一些和自己旗鼓相当的人,而且更有比自己"高"的人。他们在人际交往中,往往能够审时度势,而且相当看重人脉质量的高低,因为他们明白,要想抬高自己的价值就要往高人身边站,让他们的光环也把自己笼罩住。

所以,从现在开始,以积极的态度,尝试着接触那些"比你高"的人吧。一匹好马可以带领你到达你梦想的地方,一个"比你高"的朋友可以带你实现自己的愿望。

在接触和寻找的过程中,要遵守以下原则。

(1)放下自卑,主动出击

贵人不会自己走到你身边来,你需要积极主动地去寻找贵人、接近贵人。可能你会想,我既没有钱,又没有权,才能一般,相貌普通(记住,用色相去接近贵人更危险),怎么才能走到贵人身边呢?

放下自己的那点自卑,主动去接近贵人吧!贵人是成功者,是有权势的人,也可能是身价百万的富翁,但是不管身份如何,没有人会拒绝对他有好感的人,就算是再普通的人,只要礼仪周到、不卑不亢,有自己的风格,有独立的人格,他们一样喜欢结交。他们比普通人更需要真诚的朋友,因为他们的生活和工作中已经有足够的谄媚讨好者了,所以你不必谄媚讨好,只要有最起码的尊重和礼貌,有对对方最真诚的认可和崇拜,你们一定会有不错的交流和交往。

(2)主动寻求机遇

与贵人结识,不能靠琼瑶剧中灰姑娘变成白天鹅的幻想。不否认有如此幸运的人,但是你不是其中一个。你必须通过自己的努力,去创造与贵人相遇的机会。

当人们在谈论被称为"股神"的巴菲特时,常常津津乐道于他独特的眼光、独到的价值理念和不败的投资经历。其实,除了投资天分外,巴菲特很早就知道去寻找能对自己有帮助的贵人,这也是他的过人之处。巴菲特原本在宾夕法尼亚大学攻读财务和商业管理,在得知两位著名的证券分析师——本杰明·格雷厄姆和戴维·多德任教于哥伦比亚商学院后,他辗转来到哥大,成为"金融教父"本杰明·格雷厄姆的得意门生。

大学毕业后,为了继续跟随格雷厄姆学习投资,巴菲特甚至愿意不拿报酬,直到将老师的投资精髓学到后,他才出道开办了自己的投资公司。

2003年上半年,江南春倾其10年所有,在某高档写字楼里安装了价值2000万的液晶显示屏后,却没有盼来预期的源源不断的广告客户。就在江南春身处每天不断烧钱的巨大压力时,同在一层楼办公的软银上海代表处首席代表余蔚却意外地"召见"了他。经过一次深刻的交谈,一周之后,余蔚拨给江南春第一笔风险投资——50万美元。这笔钱虽然与日后数千万美元的投资相比,显得微不足道,但它却帮助江南春摆脱了困境。很多人想,江南春的贵人是撞大运撞来的,其实不是,余蔚之所以愿意相助,是因为他早就发现,江南春非常勤奋,他几乎没有休息日,常常从早晨8点工作到晚上12点,每次在电梯里碰到,这个年轻人手里也总拿着一个笔记本和策划书。

要有主动寻找贵人的智慧,更要具备贵人相助的才能。想要通往财富之路的你,学学这些企业家的"寻贵"精神吧!

(3)积极参与社交

结交贵人,在自己的人脉网上放几张大牌,有一个重要的前提是要认识更多的人。如果我们每天只活在既定的圈子里,那么你这个圈子里的贵人肯定是寥寥无几。只有拓宽交往渠道,积极参与社交活动,扩充人脉网络,你才有更多的机会去认识贵人、结交贵人,获得贵人的帮助。

当然,很多人说,面对一些陌生的面孔,心里会很紧张,而且在那种场合往往觉得自己很卑微。在陌生的环境中,不舒适的感觉当然会有,但是所谓一回生两回熟,打起精神来,度过你的恐惧期,你一定会成为新的社交圈里的常客。

3.真正赢得人心,你的人脉才有忠诚可言

纵观成大事者,无不是有大德者。凡是善于经营个人人脉并凭其人脉终成大事的人,都明白待人真诚、以心赢人、以情动人的妙用。

从某种程度上来说,人脉经营是一种投资手段,或是一种理财方式,经营好你的人脉最需要的就是真诚和善意。在索取和利用的同时,你还要懂得付出和"被人所用",这样你的人脉才会永远忠诚于你。你满脑子利益取向,与人相交尽是虚情假意,那么谁还乐意与你相交,更别说跟你合作了。只为利己的人,根本不可能赢得真情实意,更勿论他人的患难相助了。要知道,人脉之所以有用,是因为对方真心认同你,珍惜跟你之间的交情,所以才会在适当的时候助你一臂之力。

现实中有很多人人缘不错,认识的人也很多,但是在最需要帮助的时候,却"门前冷落鞍马稀",这说明他在人脉经营上的工夫还不到位,没有真正赢得人脉的心,仅仅停留在酒肉和最表面的层次上,这样的人脉关系有似于无,这就好比再多的零叠加起来仍然是零!

要交朋友首先要把自己的心扉向对方敞开,让人家了解你,看到你的心底,才能达到心灵的沟通、感情的共鸣。如果你对朋友有所保留,感情半露,叫人家琢磨不定,这就很难建立起交友的起码基础——信赖。没有信赖,对方自然不会向你敞开心灵,也就更谈不上心心相印。因此,直言不讳、坦诚相见是交知己的前提。

有一天,狐狸要请仙鹤吃饭。可是,饭桌上没有肉,也没有鱼,只有一个平底的小盘子,里面盛了一些清汤。仙鹤的嘴巴又长又尖,小盘子里的汤吃不到。可是狐狸的呢,嘴巴又大又阔,一张开嘴巴就把小盘子里的汤喝光了,还不停地发出"咂咂"的声音。

狐狸对仙鹤说:"仙鹤,你吃饱了吗?味道不错吧?"聪明的仙鹤,看出

狐狸是故意在骗自己,明知道自己不适合这样吃饭,却如此招待。于是,它一句话也没说就走了。

过了几天,仙鹤也请狐狸吃饭。狐狸还没有走到仙鹤家,就闻到一股香味,馋得口水直往下流。狐狸赶快走进屋子,看见一个长脖子的瓶子里,装了许多好吃的东西,都是狐狸最爱吃的。

仙鹤指着长脖子瓶子对狐狸说:"今天请你尝尝我烧的好菜,请吃吧。"仙鹤又拿来一只长脖子瓶子,自己吃了起来。

狐狸急忙伸长脖子,把嘴伸到瓶口,可是瓶子的口很小,他伸啊伸,又阔又大的嘴巴怎么也伸不进去。

仙鹤吃完了自己的一份,抬头见狐狸这副模样,心里很高兴,就问狐狸:"咦,你怎么不吃?还客气什么?"

狐狸想起自己请仙鹤吃饭的事,很惭愧,脸涨得通红。

仙鹤看出了狐狸的惭愧,于是把准备好的用碗盛的肉,端给狐狸,并说:"你看我够不够朋友?你知道我的嘴巴长无法用盘子吃饭,上次你请我吃饭,居然还用计,这次我也用计,你是不是很不好受啊?咱们都是朋友,为何不以诚待人呢?"

狐狸记住了仙鹤的话,并在仙鹤家饱饱地吃了一餐,很感激仙鹤。从此以后,它们成为了好朋友,狐狸再也不骗仙鹤了。

这个故事告诉我们人与人之间需要的是更多的真诚,而不是自以为是的小聪明。《围炉夜话》里说,"世风之狡诈多端,到底忠厚人颠扑不破,末俗以繁华相尚,终觉冷淡处趣味弥长。"意思是说尽管社会上盛行尔虞我诈的风气,但说到底还是忠厚老实人能永远立于不败之地。腐朽的社会习俗争相以奢靡浮华为时尚,但毕竟还是在清净平淡之中体会到的淡泊趣味更为持久绵长。

尽管社会上"假"字风行,但我们绝不能因此而丢弃诚实这一做人的准则,这对于整个社会的良性发展有利,也能更好地完善我们的品行,使我们能正确地与人交往。

日本著名企业家吉田忠雄在回顾自己的创业成功经验时说：为人处事首先要讲求诚实，以诚待人才会赢得别人的信任，离开这一点，一切都成了无根之花，无本之木。

在创业初期，他曾经做过一家小电器商行的推销员。开始的时候，他做得并不顺利，过了很长时间业务也没有什么起色，但他并没有灰心，而是坚持做下去。有一次，他推销出去了一种剃须刀，半个月内同20位顾客做成了生意，但是后来突然发现，他所推销的剃须刀比别家店里的同类型产品价格高，这使他深感不安。经过深思熟虑，他决定向这20家客户说明情况，并主动要求向各家客户退还价款上的差额。

他的这种以诚待人的做法深深感动了客户，客户不但没收价款差额，反而主动要求向他订货，并在原有的基础上增添了许多新品种。这使他的业务数额急剧上升，很快得到了公司的奖励，也为他以后自己创办公司打下了良好的基础。

"精诚所至，金石为开"一语道出诚实所具有的巨大力量。一个成功的企业，不光只有正确合理的管理制度、明确的经营方针、和谐的团队合作，更重要的是要诚信务实。诚信不仅是每个人所应遵从的最基本的道德规范，而且也是处理好一个企业与顾客关系的准则。

商海行舟，是凭诚信为根本的。

一个犹太商人在集市上，从一个阿拉伯人那里买了一头驴回到家，家里人一见非常高兴，就把驴牵到河边洗澡。恰好此时，驴脖子上掉下来一颗很大的钻石，光芒四射，家里人欢呼雀跃，认为这是上天所赐的礼物。当家里人兴高采烈地把这颗钻石带回家时，犹太商人却平静地说："我们应该把这颗钻石还给那位阿拉伯人。"

家人感到不解，犹太商人严肃地说："我们买的是驴子，不是钻石，我们犹太人只能买属于我们自己的东西。"于是把钻石送还给那位阿拉伯人。

阿拉伯人见到钻石很惊奇，对犹太商人说道："你买了这头驴，钻石在这头驴身上，那你就拥有了这颗钻石，你不必还我了，还是自己拿着吧。"犹太商人回答说："这是我们的传统，我们只能拿支付过金钱的东西，所以钻石必须还给你。"

两千多年来，大多数犹太人就是这样，经商的时候一定讲诚信。他们认为诚信经商是商人最大之善，因此在生意场上，他们最为看重诚信，对于不诚信的人，他们是无法原谅的。

实际生活中，凡是事业发展快、经济实力强的物资企业，谈起他们的成功之道，无不是"诚信至上，信誉第一"，那种不讲"诚信"的企业的成功行为，只能取悦于一时，却不能取胜于一世。

经商之道，诚信是金，这才是立足商海的至理名言。

香港长江实业集团主席李嘉诚，外号"超人"，在亚洲富豪中位居首席。他现在控制长江、和黄、长建、港灯4家上市公司，业务范围包括地产、电讯、货柜码头以及超级市场等。

李嘉诚能成为香港首富，与他长期以来"以诚信为本"的生意经是分不开的。他经常对属下说："做生意要以诚待人，不投机取巧。对顾客许诺的事，无论遇到什么困难，也要千方百计地履行承诺。赢得顾主的信赖，比什么都重要。"

有人问李嘉诚经商这么多年，最引以为荣的是什么？

"有很多合作伙伴跟我合作后，仍有来往。"他说，"你要首先想到对方的利益：为什么人家要和你合作？你要真诚地告诉人家，跟自己合作会有钱赚，诚信永远站在第一位。"

据李嘉诚回忆，在他创业初期资金极为有限。一次，一位外商希望大量订货，但他提出需要富裕的厂商作保。李嘉诚跑了好几天，一无着落，只好据实以告。那位外商在与李嘉诚的接触中，深为他的诚信所感动，对他十分信赖，说："从阁下言谈之中看出，你是一位诚实君子。不必其他厂商作保了，现在我们就签约吧。"

李嘉诚感动之余还是说："先生,受你如此信任,我不胜荣幸。但我还是不能和你签约,因为我资金有限。"外商听了,极佩服他的为人,不但与之签约,还预付了货款。这笔生意使李嘉诚赚了一笔可观的钱,为以后的发展奠定了基础。

世界500强之一的著名企业——海尔集团的首席执行官张瑞敏在谈及他的成功经验时,首先强调的是:"诚信对我的成功乃至企业的生死存亡都至关重要。"他最后说:"诚信无价!"

改革开放之初,深圳某贸易公司与法国一家公司做生意,在一次结算时,法国公司少收了7000万法郎,深圳公司总经理主动将7000万法郎退还法方。深圳公司的行为使法方深受感动,法方把深圳公司当作诚信可靠的合作伙伴,又追加了几项优惠条件。深圳公司的诚信行为为公司带来了丰厚的效益。

经商不是一项孤立的事业,同时,经商还是一项长期的事业。对于一个商人来说,要想让事业不断发展壮大,离不开"诚信"二字。要想经商成功,从某种程度来说,诚信往往起着决定性的作用。特别是生意越做越大时,诚信的作用便会随之显得越来越重要。

诚信看似简单,其实要做到很难。在茫茫商海里,可能有不少人靠投机倒把获得了一时的利益,但这种利益的获得,机会太小,并且只可能在短时间内。不讲诚信的人,最终都会被市场经济规则无情地淘汰。

在商业广告中,东西变得更好吃,衣服变得更漂亮,药品变得更有效,但对只会一味夸大的商家来说,丢掉诚信,是注定要失败的,也许他能做成一笔交易,但真相总会有水落石出的一天。诚信也许不一定能为人带来什么,但缺乏它的人必定会自取灭亡。

企业及商家作为经济活动的主体,必须牢记诚信是一种无形资产,是一个企业及商家立足生存的根本,如果不讲道德,不讲诚信,一味追求金钱、利益,惯使坑蒙拐骗的奸商伎俩,这些行为只能逞一时一地之利,最终都要走向名誉自毁、利益均失的结局。

诚信是一种智慧。诚信不仅属于德的范畴,也属于智的范畴,它是人们为了争取长期生存与发展而采取的一种理智选择。

清朝乾隆年间,苏州有一个普通生意人叫谢阿明,他专营水果,在苏州大街小巷叫卖。他做生意讲究信誉,从不失约。有一天,苏州临顿路一个叫夏子英的人向谢阿明订购了一些白沙枇杷,交了定金也约好了送货日期。可是事不凑巧,到了那一天货没按时送来,这可急坏了有约在先的谢阿明。眼看着无法按约送货,于是他拿着定金来到夏子英的家里说明情况,并把钱还给了他。夏子英不以为然地说:"你明天送来也不晚嘛!"谢阿明回答说:"我既然说过要今天送给你,就不能拖到明天,失信于你!"执意把钱退给了夏子英。

像谢阿明送枇杷的事,本是一件小事,无足轻重,但取信于人,却是大事。在职业活动中,对事业、服务对象和交易伙伴的负责,就是诚实守信,它是建立职业信誉的重要保证。

赢得人脉忠诚,你就要懂得付出,比如每一个人在工作和生活的各个阶段都有可能会遇到这样或那样的困境, 这时便是你最需要别人帮助的时候。每个人都一样,谁都难免会遇到这样的时刻,你会,你的人脉关系中的每一个人也都会。要想在你最需要帮助的时候,你的人脉中某一个朋友能帮到你,那么你就应该同时出现在他最需要帮助的时刻,这就是朋友的定义。

建立好人脉网仅仅是万里长征走完了第一步,你还要细致地维护你的人脉,才不会使你的人脉流失,因为你的人脉可能对你的一生都起到至关重要的作用,所以人脉要花一生的时间去经营与维护。

我们平时要把人脉关系的维护当成一种习惯,做到自然相处,和谐互利,这样才能使人脉正常化、深入化发展,这样在你有困难的时候你的人脉关系中某个关键朋友就会站出来给予你莫大的帮助;而如果你平时对你的人脉爱理不理,任其流失,那么当你的事业陷入一种危机的时候,你的人脉网中的任何人也不会过来关注你,可谓"以其人之道还治其人之身"。

这便是"待人如己"的意义所在,举一个生活中常见的例子,例如你的一位十多年前的小学同学,你们一直住在同一座城市,彼此都知道对方的联系方式,但是在逢年过节或者你遭遇不顺时,他从来没有问候过你。突然有一天,他主动打电话过来要你帮他一个忙,你会怎么想呢?多少会有点不太乐意。反过来,如果他与你经常保持联络,在你的节日或生日时更是情深意切地问候过你,在你患难的时候关心过你,这时他打电话过来寻找你的帮忙,你心里肯定就乐意得多了,甚至愿意主动去帮助他。

"平时不烧香,临阵抱佛脚",这是人脉经营的大忌,所有人都对此深恶痛绝,所以在平时我们就要注意自己的言行,真诚地去关心朋友的感受,主动去联络朋友,去关心别人,并让朋友真正体会到自己的关心。

跟亿万富翁学习"借力"经验

世界船王丹尼尔·洛维格原是个普通船工,已过而立之年的他把一艘老式油轮翻新后,租给一家石油公司,然后靠这艘旧船,从银行贷到了第一笔资金。接着他用这笔资金又买了一艘旧船,并改装成油轮又租出去。后来他以同样的方法,以第二艘油船作抵押,又从银行贷了一笔款,跟着又买了一艘货船改装成油轮,再租出去……

如此反复循环,后来洛维格靠租金还清了贷款,拥有了当时世界上最庞大的船队,确立了他世界船王的地位。其实说到底他成功的方法很简单,就是"借"上了石油公司和银行,从中获得了自己利润的成长空间。

而另一些典型案例可能就发生在你身边,在当今这样一个充满变幻的时代,我们每一个个体都是势单力薄的,许多人都在苦苦寻觅,希望能够找到一些借力成功的方法。

以下,是斯坦福大学亿万富翁们众多成功经验的总结,也是我们通向胜利彼岸事半功倍的通道。

1.借助身边的一切资源,小买卖成就大生意

在日本东部有一个风光旖旎的小岛——鹿儿岛,因气候温和、鸟语花香,每年都吸引大批来自各地的观光客。有一位名叫阿德森的犹太人在日本经商已有多年,第一次登上鹿儿岛之后,便喜欢上了这里,决定放弃过去的生意,在此建一个豪华气派的鹿儿岛度假村。一年后,度假村落成,但由于度假村地处一片没有树木的山坡,一些投宿的观光客总觉得有些许扫兴,建议阿德森尽快在山坡上种一些树,改善度假村的环境。阿德森觉得这个建议好是好,但工钱昂贵,又雇不到工人,因此迟迟无法实现。

不过,阿德森毕竟是个犹太人,天生就是做生意的料,他脑子一转,立即想出了一个妙招——借力。他迅速在自家度假村门口及鹿儿岛各主要路口的巨型广告牌上打出一则这样的广告:

各位亲爱的游客:您想在鹿儿岛留下永久的纪念吗?如果想,那么请来鹿儿岛度假村的山坡上栽上一棵"旅行纪念树"或"新婚纪念树"吧!

绿色是诱人而令人开心的,那些常年生活在大都市的城里人,在废气和噪音中生活久了,十分渴望到大自然中去呼吸一下清鲜空气,休息

休息,如果还能亲手栽上一棵树,留下"到此一游"的永恒纪念,那别提多有意思。于是,各地游客都纷纷慕名而来。一时间,鹿儿岛度假村变得游客盈门,热闹非凡,当然,阿德森并没有忘记替栽树的游客准备一些花草、树苗、铲子和浇灌的工具,以及一些为栽树者留名的木牌,并规定:游客栽一棵树,鹿儿岛度假村收取300日元的树苗费,并给每棵树配一块木牌,由游客亲自在上面刻上自己的名字,以示纪念。这是很有吸引力的,到此一游的人谁不想留个纪念?因此,一年下来,鹿儿岛度假村除食宿费收入外还收取了"绿色栽树费"共1000多万日元,扣除树苗成本费400多万日元,还赚了近600万日元。几年以后,随着幼树成材,原先的秃山坡变成了绿山坡。

让你出钱,让你出力,还让你高兴而来,满意而归,这似乎是不可能的事情。可精明的阿德森却看到了这一"不可能"之中的可能性,做了一笔一举两得的生意。这其中,我们看到了营销创意的价值和魅力。你瞧,本来是既花钱又费工的一件事,经营销高手一摆弄,竟变为了招徕顾客的一种手段,你能不为之叫绝吗?

那么在生活中,我们该如何应用这一思考术,借助身边的一切力量呢?

一、借上司的"力"

上司的"力"是否好借,这就要看你对上司了解和熟悉的程度。

首先要充分了解和熟悉自己的上司,比如其经历、好恶、工作习惯等……精明的上司赏识的都是那些熟悉自己并能预知自己心境和愿望的下属。

其次,要充分理解上司的真实意图。当你被委以重任时,上级对你说:"好好干啊!"于是你就回答说:"我一定好好干。"似乎如此回答是理所当然的。可是从一开始,你就犯了一个错误,因为你不清楚被拜托的是什么?要好好干的是什么?为什么要干?干到什么时候?干到什么程度?……所以,应该明白上司的真实意图,站在上司的角度考虑问题,在实践的过程中还要经常征求上司的意见和建议。

再次,要明白上司的难处,关键时候还要主动站出来做出一些自我牺牲或放弃自己的个人利益,上司自然会认为你够朋友、讲感情、有觉悟,你在他心目中的形象就会更好。

最后,不要喧宾夺主。有些人,有了些权力之后,就自以为大权在握,就不把别人,甚至上司放在眼里。除此以外,还可能会成为上司的打击对象,那么离炒鱿鱼也就不远了。

二、借同级的"力"

俗话说:"孤掌难鸣。"如果在工作时得不到同事的支持,很多时候是很难有所作为的。当然,作为同事,有时候免不了有利益冲突,比如政治荣誉的归属和经济收益的分配……这时候, 就应该学会谦虚, 主动礼让,不要争功,更不要揽利。应主动征求同事对自己工作和作风上的意见和建议,彼此真诚相待。

三、敢于"借贷款"

小商品经营大王格林尼说过:"真正的商人敢于拿妻子的结婚项链去抵押。"小心谨慎地做自己的生意,固然是必要的,但要在商圈上成大气候,还得要大胆地向前迈步走,事实上,不少白手起家的富翁没有不借债的。

法国著名作家小仲马在他的剧本《金钱问题》中说过这样一句话:"商业,这是十分简单的事。它就是借用别人的资金!"也证明了财富是建立在借贷上的,但还是需要创造财富者有充分利用借贷、擅长利用借贷款的能力。

四、借别人的脑袋、技术来为自己所用

借别人的脑袋、技术来为自己所用,善于将别人的长处最大限度地变为己用,这是最聪明的办法,也是最省钱省事、最快的成功捷径。

五、借助舆论,壮大你的优势

从明星的绯闻到政客的传奇,诸多事件都验证了舆论的强大威

力。在社会上,舆论像汹涌的波涛,可以把你淹没海底,也可以把你推上天空。

真正有心计的人,几乎都善于利用舆论来为自己服务,牢牢地锁定目标,制造出"非我莫属"的声势。你要善于人为的为自己制造一些焦点和声势,即使有雄心也不要急于行动,而是利用方方面面的力量,为达到自己的真正意图摇旗呐喊,最终达到自己的目的。

六、找一棵可以遮风避雨的"大树"

"吾尝终日而思矣,不如须臾之所学也;吾尝跂而望矣,不如登高之博见也。登高而招,臂非加长也,而见者远;顺风而呼,声非加疾也,而闻者彰。假舆马者,非利足也,而致千里;假舟楫者,非能水也,而绝江河。君子生非异也,善假于物也。"这是荀子的《劝学》中的经典言论。

荀子用了五个比喻,开头用"终日而思"、"不如须臾之所学"来阐述,接着用"跂而望"、"不如登高之博见"这个比喻说明只有摆正"学"和"思"的关系才能使学习产生显著的效果。

为了把道理说得更透彻,荀子顺势而下,连用"登高而招"、"顺风而呼"、"假舆马"、"假舟楫"四个比喻,从见、闻、陆、水等方面阐明了在实际生活中由于利用和借助外界条件所起的重要作用,从而说明人借助学习,就能弥补自己的不足,取得更显著的成效。最后由此得出结论,君子之所以能超越常人,并非先天素质与一般人有差异,而是靠后天善于学习、善于借助外力。

一个人只知自己奋斗,而无人赏识,进步会很慢,所以你除了要懂得很多社交的媒介、掌握很多社交原则外,还要把你的触角伸得广阔一点。你若是真能得到一两个贵人相助,那么很快就能出人头地。

一切靠自己,总比样样依赖别人要安全、可靠得多,但是有人相助,要比单打独斗来得轻松愉快,也是不争的事实,何况当今世界,单打独斗能够成功的机会愈来愈少。有贵人协助,成功的几率必然会提高。人生路上充满了很多的艰辛坎坷,光靠一个人的努力有时难以面对,显得势单力薄,因此,找到一棵可以遮风避雨的"大树",进可以攻,退可以守,有了坚实的后盾做靠山,取得成功也就易如反掌。

第一,什么样的人适合做靠山?

这可是最重要的问题,以下几个方面可供参考:

(1)有家世背景的人

显赫的家世自然让你受益匪浅,但是你同时要明白家世背景不一定保证他一辈子风光,如果他品行不正、能力不行,那么跟这种人相处也不长远。

(2)功成名就之人

找这种人当"大树",除非你有特别的表现,或者你的某些长处正好被人看中,否则你再怎么"跟",他还是看不见你。

(3)有能力有潜力之人

这种人可能是最好跟随之人,他们是一种"潜力股",一时看不出效益,如果长期做下去必有收获。但有能力有潜力的人也不一定最终飞黄腾达,人的机遇是很难说的,所以你要无怨无悔地跟。

第二,要应对"大树"对你的考验。

你必须在和他往来之间,让他了解你的能力、上进心、人格、家世和忠诚,也就是说,要他能够信赖你,这就需要一个过程,而这一过程可能需要半年、一年,也有可能更漫长,而你不仅要好好表现,还要在难熬的岁月中等待机会,应对"大树"对你的考验。

最后要提醒你的是,当你找到自己的"靠山"与"乘凉之树"后,不能完全倚仗他人来生活,你还得更加努力,只是利用一下他人给你提供的条件罢了。

相关链接：
借力族成功故事——小买卖成就大生意

并没有采挖、淘洗过一盎司的黄金，只是通过向淘金者出售铁铲等淘金工具，并开办一家银行供淘金者存钱，一举成为加利福尼亚最富有的人之一——这个名叫奥格登·米尔斯的人，闻名于美国加利福尼亚淘金热潮期。150多年后，他提供的鲜活事例，成为了靠"借"创业致富的典范。

在我们的现实生活中，不少创业者活跃在主业边缘，背靠特定的消费群体，他们同样收获着一份别样的财富和喜悦。

白领是城市中一个固定而规律的人群，他们朝九晚五，每天经历着相同的交通路线，进行着一种相对程式化的工作与生活。于是，借着这一固定人群的固定需求，生意也就随着而来了。

地铁美女的租包店

陈先生的租包店就是根据白领们对包包的需求应运而生的。"当初考虑开始租赁业务，是在对市场做出调查之后，发现一般白领消费者，尤其是女性对包的使用周期在一至三个月，她们对包包的要求是新鲜感、时尚感以及跟季节、服装和场合的搭配程度。"陈先生说道，"而且在很多时候，换包也是其工作需要。例如，一位白领下班后要参加派对，那么这一天她至少需要带两个包，一个是上班时使用的通勤包，一个是参加派对的宴会包。这对于一般白领而言，是比较麻烦的。"

由此，陈先生针对白领对包包的这种需求，开启了他的租包生意。他将自己的租包店分布在轨道交通的各个重要站点内，大多数为换乘站点。顾客在店铺内的货架上，或者网络商品的目录上，如果需要某一个包，便可以在该店铺内进行租借，或者电话预约后，就近租借。使用完毕之后，可以还回任何一家租包店铺。"以之前的例子来说，一位下班后要参加派对的白领，就可以先在公司附近的点租借晚宴用的包包，回家时在周边的店再换回第二天上班用的包。"

在一个月内，有100个包在出租的情况下，5元每天的租赁价格乘以30天的租赁时间，那么一个月光租金这块收入就有15000元。这100个包的进货成本，在一个月后的低价处理中，以低于成本价十元左右的价格出售，收回进货成本。

跟着电影院找个性消费者

魔维世界是一个致力于为时尚人群、电影爱好者、追求个性的酷玩一族提供全方位电影衍生产品的连锁销售平台，从世界永恒经典的电影海报到电影全真人物模型，从动漫人物精品到卡通搪胶系列，从普通实用的纪念品到限量典藏的极品，以及其他利用著名电影品牌发展的产品等。

在国外以及中国香港等地，这类商店的主要选址是在大规模的玩具翻斗城或者卡通主题游乐场，那里对玩具包括电影衍生产品都有非常细致的分类，所有的大人和小孩都能乐得其所。

不过，魔维世界的老板吴军却始终打着"白领"的主意。在魔维世界现有的二十余家门店中，绝大多数将店铺开进了影院之内，极少数的例外也是将店址尽可能地紧挨着影院。

他说："在内地市场，玩具翻斗城或者卡通主题游乐场这样的场所相对较少，在专门的儿童商场，青年白领因为害怕尴尬不太会发生消费行为，而在百盛等白领进场购物的商场内是不会有此类产品的，所以唯有进驻影院才能让白领和孩子都自然地购买，因为现在进电影院的白领往往是非常追逐新鲜和趣味的一个群体。

"而且，电影衍生产品和电影是相关联的，看完一部心爱的电影后，人物还在脑海里浮现时，看到有这么个纪念品，就有把自己最喜欢、最心仪的偶像带回家的冲动。把看电影时的快乐定格住，带到生活中去，让它成为生活的一部分。也可把它送给自己喜欢的人，如果对方喜欢电影的话。作为一种特殊的礼物来传递朋友、恋人间的友谊或爱情。"

事实证明，吴军这种针对中国市场的选址策略还是相当成功的，目前，他的二十余家门店都有不俗的业绩，单店营业额在四万元左右。

所以"借白领"也要讲究技巧，因为白领中同样也可分为多个类别，跟着电影院走正好抓住了其中的细分市场。

对于吴军来说，电影院是一个"白领"的载体，这个载体的选择同样也有许多学问，它可能表面上并不一定十分庞大，惹人瞩目，但是它却有着独一无二的"聚拢"优势，恰到好处地利用这样的载体，实际上也就沾了垄断的光。

独具慧眼发现目标群体

张小姐的田园家饰专卖店在外人看来，那是一个知名度和人流量都差强人意的市场，但在张小姐眼里，这却是一个经营家饰上佳的场所。原因很简单，因为它借上了仅有一步之隔的宜家家居。

之前，张小姐在附近的一个非常热闹的区域租下了一个铺位，进行着田园家饰的试营业。然而，人流有了，商品的反响却很一般。张小姐总结说："在那样的市场，我的商品很容易被大量的服装店铺淹没，而且，像田园家饰这类给人以宁静之感的商品，在嘈杂的市场或百货大楼就很不容易体现出它的长处来，做生意的感觉不对路。"

"宜家家居是经营家居产品的代表商家，但凡正在装修之中的家庭，都会走进宜家，多多少少采购一些家居装饰中的用品。宜家的风格以欧美为主，我发现来逛商场的许多都是白领，而我的田园家饰是英伦风情，两者既有共通之处，又可以起到相互的补充。"

果然，这样的选址成效不菲，不仅摆脱了原来的颓势，而且一个月15000元的营业收入让张小姐的小店风生水起。

"借白领"要选好载体

做白领生意可能是许多人都知道的道理,但其中的关键是要选好载体。一位前不久从欧洲回来的朋友,说了一个有趣的事:在法国巴黎街头,随处可见给人画像的街头艺人,他们的收费不低。但谁也没想到的是,周围的一个画材专卖店老板靠这个生意,小日子过得比艺人更顺畅。

说这话时,朋友的口气里透着惊喜,听的人则带着羡慕,而没有一丝不屑。在层出不穷的营销战术前,哪怕是卖一支笔、一个面包,修改一条裤子,都是那么地不容忽视,相反地,它们倒有几分"动人"之处,而"借白领",正是需要这样的技巧。

从营销上说,这是连带消费起作用。不管是地铁内的租包店,还是电影城的玩具店,它们的繁荣很大程度借助于主业态的人气,它们的消费则是由主业态衍生出来的。同时,一个街区或商业中心需要有多种业态并存,这正是商业功能完善的表现,而对于创业者来说,这正是一个寻找项目和店址的大好切入点。

2.联合周围可以联合的"虾米",然后一起吃掉"大鱼"

"大鱼吃小鱼,小鱼吃虾米",这是现实中残酷的竞争法则。不过,我们若是想在社会上站稳脚跟,击败对手,有时候仅靠自己的能力是不行的。在这种情况下,我们不妨联合周围可以联合的"虾米",然后一起去吃掉我们想吃掉的"大鱼",这样做效率往往会更高。

千万不要小觑小力量的集合,当我们看到日本联合超级市场以中心型超级市场共同进货为宗旨,取得惊人发展,就会有如此的感慨。

就在1973年石油危机之前,总公司设于东京新宿区的食品超级市场三德的董事长——堀内宽二大声呼吁:"中小型超级市场跟大规模的超级市场对抗,要生存下去的唯一途径就是团结。"可是,当时响应的只有10家,总营业额也不过只有数十亿日元而已。但是,现在的日本联合超级市场的加盟企业,从北海道到冲绳县共有255家,店铺数达到3000家,总销售额高达4716亿日元,遥遥领先大隈、伊藤贺译堂、西友、杰士果等大规模的超级市场。而且,日本联合超级市场的业绩,竟然是号称巨无霸的大隈超市的两倍,尤其近几年来,日本联合超级市场的发展更为迅速。1982年2月底,联合超级市场集团的联盟企业有145家,加盟店的总数有1676家,总销售额2750亿日元。从第二年起,加盟的企业总数就增加为178家,继而187家、200家、253家持续地膨胀,同时加盟店的总数也由1944家增加为3000家……

原来是一个微不足道的超级市场经营者——堀内宽二,凭借着中小型超级市场不团结就无法生存的信念,草创成立的联合超级市场发展到今天,也许连他本人也没有料想到。目前,日本全国都可以看到联合超级市场的绿色广告招牌。

中国有句俗语:"众人拾柴火焰高"。意思是说,通过联合的力量,可以实现个人力量所不能实现的目标。很多小企业、小公司,在激烈的竞争中,被冲撞得东倒西歪,飘飘摇摇,虽然也有顽强的生命力,但终难形成气候。

小企业、小公司,要在竞争中站稳脚跟,就得联合统一战线,共同出击,以群蚁啃象之势,去迎接各种挑战。

东北非金属矿业总公司——辽河硅灰石矿业公司,前身为辽河铜矿,因长年亏损,1983年改换门庭,从事非金属矿的开发与经营,所开采的优质硅灰石全部销往日本、韩国,公司效益也真正红火了几年。

据称,日本商人将石头买上船,在回日本的航程中就加工成立德粉、钛白粉,中途返航,再运往上海、天津等地。

辽河硅灰石矿业公司于1990年从日本引进加工生产线,掌握了生产立德粉、钛白粉的技术,并从1992年起,开始生产建筑涂料。从1993年开始,所产硅灰石滞销,生产的涂料市场滑坡,公司严重亏损。1997年,辽河公司宣布破产,原来的各分厂,全部被私营单位买断。

1999年,日商再次光顾辽河公司,与私营小公司老板商榷购买200万吨硅灰石粉的合同。可是,各自为阵的小公司并没有这个魄力,也不可能在一年半的时间内完成合同任务。

眼睁睁看着煮熟的鸭子就要飞了,就在日商即将离开之际,辽河其中一家公司的经理郝为本横下心,与日商签了合同。

郝心里清楚,如果不能按期交货,日商的索赔,会让他倾家荡产,弄不好还得蹲大牢。但到口的肥肉,总不能不吃吧。

郝为本拿着合同,请其他几家小公司的经理聚到一起,认真研究,联合起来吃这条大鱼。经过任务分配,平均利益,几家公司立刻行动起来。

九家公司经过有力的联合,一年半时间内,按时完成了任务。

上述事例正印证了虾米联合起来吞掉大鱼的事实。

我们都很清楚,借人之力是获取成功的捷径之一,但是在这条捷径上人们往往习惯于将目光聚焦到那些有权势、有财富的名人和富豪身上,认为只有这些人才是自己人生路上的贵人,才能给自己的成功添砖加瓦。可是,大人物们高高在上,有时候,不用说去求人家,连接触到人家都很难。遇到这样的情况我们该怎么办?坐以待毙,还是就靠自己的蛮干?

不用发愁,你不妨将目光投到某些小人物身上。

要知道"大小"并不是绝对的,二者是可以转换的。对待"小人物",你没有必要一味地趾高气扬,应该懂得变通,没有大人物可以选择的时候,能向小人物借力也是不错的选择。在历史上"鸡鸣狗盗之辈",曾经帮孟尝君逃脱大难,不就是很好的证明吗?

小人物就像小螺丝钉,用得得当,就能推动大机器的运转。不要小看"小人物",有的时候,"小人物"却有"大用处"。

戴笠当军统头子时,逢年过节,都要派人出去送礼。这礼并非是送给达官显贵的,而是送给总统府里听差、门房、女仆或是文书的,虽然他们地位卑微,绝不可能参与军国大事,但是他们毕竟天天都在蒋介石身边。

首先,这些人的职业就是伺候蒋介石。蒋介石的行为、情绪的变化,都瞒不过这些人的眼睛。

然而对戴笠而言,这些信息的作用还不是最重要的,在官场,公文积压都是常事,有的只要搁上十天半个月,有的一搁就是一年半载,即使批下来,也是另一种结局了。军统上报的公文,耽搁在蒋介石那里,戴笠是不敢催办的,可是清洁女工有这样的便利,她清扫蒋介石的办公室时,只要顺手在文件堆里把军统的公文翻出,放在上面就万事大吉了。戴笠的部下再有能耐,也不敢随意进出蒋介石的办公室,这件事非清洁女工莫属。

因此,在人际交往中,要灵活变通,千万不要只逢迎那些所谓的达官贵人,而要懂得和小人物建立关系。当你觉得仅凭一人之力难以应付客户时,完全可以采取这种办法,把可以借力的伙伴联合起来,就像一根筷子容易断,一捆筷子就不易断,这种小力量的集合也许会给你带来更多的收获。

相关链接:

有的放矢去借力

究竟还可以找到哪些借力的渠道呢?要回答这个问题,我们首先要对自身的状况进行深入的分析和了解,看看哪些方面的外来帮助能够助自己一臂之力。当然在这基础上,我们也可以确立几条基本的思路,这样便可以使你在借力的时候有的放矢。

展会——利用展示自己的机会提升业务基础

如果你留意一下,现在各种各样的展会可谓是层出不穷,如果能有效地利用此类展会展示自己,提升企业的业务基础,往往也能达到事半功倍的效果。当然对展会也必须加以选择,要"借"那些真正有实际效果的展会。比如这几年越来越火的上海理财博览会,就给许多银行、基金公司和房地产企业等带来了切实的回报,目前它已经走向了全国,在北京、广州、重庆、杭州、温州等地都留下了足迹,也成为了越来越多金融企业"借"的对象。

卖场——用人气来带动你的销售

对于大都市中的人来说,大卖场是最熟悉不过了,但是你有没有留意到,利用大卖场的人流也能够为你开店服务。其实,有为数不少的商铺围绕在大型超市周边,而这些商铺能够有效利用超市带来的人流量,使生意做得红红火火。专家认为,大型超市周边的商铺的确可以充分利用其带来的客流量,从事经营活动。根据北京一家机构调查显示,大型超市依据自身品牌的影响,每天的人流量可达50000人左右,而且消费者具有一定的消费能力,以20~35岁的年轻人居多。同时,大型超市在维护客户方面也很有讲究。大型超市经常会举行一些促销活动,来不断对周边居民形成良性刺激,扩大对其关注程度,而这些人气,正好能够被其周边的商铺所"借"。不过要留意的是,机遇与风险是并存的,大卖场周边同样也有"五公里死亡圈"的说法,其中的关键是要做到业态的错位竞争。

品牌——用连锁加盟发展事业

著名的品牌往往聚集了许多人气,那么我们怎样才能有效地加以利用呢?其中连锁加盟无疑是一个最为典型的例子,通过加盟一些大品牌,可以使创业者享受到其广泛的资源。另外像经济型酒店的发展也是一种"借"品牌的模式,不少原来的旧厂房通过改建后再"借"上相应的品牌,从而获得了丰厚的回报。

当然加盟也要讲究技巧,业内人士认为在加盟一家公司之前要考虑到:第一,公司的名字响不响亮,商标的美誉度高不高;第二,这个公司营业了多久,如果是一家新的公司,那么其安全、训练还有支援的可信度都要打个折扣了;第三,公司提供的商品或服务是否有保证。

配套——从产业链中获得发展的空间

对于不少刚刚开始创业的人来说,他们往往会觉得创业的路非常艰难,很难找到适销对路的产品,但其实借大户就是一个可以借鉴的思路。这里的大户指的是大企业或行业,可以通过为他们提供配套的产品,从产业链条中获得自身发展的空间。比如在前几年房地产市场火爆时期,由于各种楼盘开盘和展览的机会很多,有些投资者从中就嗅得了商机,他们专门为房地产企业制作楼盘模型,生意同样也非常不错,从大行业或大企业的景气中分得了一杯羹,所以对于许多创业者来说,可以循着这条思路来发掘商机。

3.借力的三大要害

作为一个普通投资者,如果我们能细细研究这些富豪们的成功路径,跟着他们的思路走,或许就能少走很多弯路。

当然,市场不会简单地重复,只有科学的借,灵活的借,才能真正为自己借出真金白银来。总结一下,在借力的时候,我们需要注意以下三点:

(1)四两拨千斤,找到支点是关键

有人可能会说"借"的确是一个"四两拨千斤"的好方法,但自己究竟能"借"什么,又怎样"借"才能有效果,却又是现实中必然会遇到的难题。"给我一个支点,我可以撬动地球。"这是阿基米德的一句名言,而"借"的关键就是能够找到这个支点所在。

这个"支点"就是"借"的契合点,它是你急需的,却又是对方所独具的。所以"借"绝对不是简单的依赖和等待,而是一场有准备的战斗,是用巧妙的智慧换取财富。从这一点来说，你首先要对自己有充分的了解，你的强项是什么？怎样的"外援"会对你有帮助？接下来在对市场充分了解的基础上，你就可以锁定自己的靠山，然后通过有效的"嫁接"，真正达到"借"的目的。所以"借"是主动的，它是你根据实际需要做出的选择。

有这样几条思路或许可以成为"借"的借力目标：

首先是借"智力"，或者说是"思路"、"经验"等等，比如有些投资大师有不少好的经验，这都是他们经过多年的成功与失败得出的制胜法宝，它们显然可以让我们的投资少走许多弯路。

第二是借"人力"，这就是所谓的人气，一个品牌、一处经营场所甚至是一位名人，其周边可能聚集了不少类别分明的人群，如果能把自己生意的目标消费群与之结合起来，其结果可能就是投入不大利润大。

第三是借"潜力"，良好的社会经济发展前景诱惑无疑是巨大的，它也会给我们的投资带来有效的增值空间，像城市的建设规划以及中小城市的发展计划等，都是值得我们关注的焦点。

第四是借"财力"，有些投资者或企业可能会遇到资金捉襟见肘的情况，那么充分利用银行或投资基金的财务杠杆，无疑会让你解决许多"燃眉之急"。

第五是借"权力"，乍一听这个词似乎挺吓人的，但其实所指的就是政策，"借"上好的政策同样也会使你赢得发展的契机，靠政策致富的案例早已屡见不鲜了。

(2)"借"与盲目跟风有着本质的区别

在这里需要说明的是，"借"与盲目跟风可是有着本质的区别，"借"是一项高技术含量的工作，通过了解、准备、研究、比较和选择等多个步骤才能获得成功，而如果随意地跟风模仿，反而会给你带来不小的风险。有些投资者不考虑周围环境和自身的实际，不看实际效果是否有效，不看时机是否成熟，不看条件是否具备，生搬硬套，盲目地跟着别人走,这显然是与"借"的本意相违背的。

对此,我们可以把握住这样儿点:

首先,自身是不是适合是关键,并不是所有的产品都能产生这样的效果。例如,如果不能将对奥运的热情转移给产品,那么带来的结果就是让奥运营销成为了"空中楼阁"。

其次,一个好的"借"的对象也要区别对待,比如同样是城市建设规划,不同区域产生的效果都是不一样的,这就需要投资者运用各种信息进行研究分析比较,最终"借"上真正有潜力的规划。

另外,即使找到了正确的方向,"借"的过程也要讲究技术,比如你"借"上了大店铺的客源,就可以考虑将经营时间与大店铺错开,以避其锋芒,捡其遗漏。

最后,"借"同样也可能会遭遇到不可遇见的风险,其中最为典型的就是连锁加盟,有些项目由于本身含金量不高,甚至带有欺骗性质,让许多投资者遭遇了滑铁卢,对此我们必须多加留意。

(3)合作者要选择与自己性格相反的

许多人不喜欢与自己性格相反的人相处,其实这是一个错误。职业要选择与自己性格相适应的,合作者则一定要选择与自己性格相反的人。

日本的北海道出产一种味道珍奇的鳗鱼,周围的渔民多以捕捞鳗鱼为生。鳗鱼的生命非常脆弱,只要一离开深海区,过不了半天就会全部死亡。奇怪的是有一位老渔民天天出海捕捞鳗鱼,回港后,他的鳗鱼总是活蹦乱跳的,而其他人无论如何处置捕捞到的鳗鱼,回港后却全都是死的。由于鲜活的鳗鱼价格要比死亡的鳗鱼几乎高出一倍以上,所以没几年工夫,老渔民一家便成了远近闻名的富翁。周围的渔民虽做着同样的营生,却一直只能维持简单的温饱。老渔民在临终时说出了秘诀,就是在整舱的鳗鱼中,放进几条狗鱼。鳗鱼与狗鱼是出了名的"对头",几条势单力薄的狗鱼遇到成舱的对手,便惊慌地在鳗鱼堆里四处乱窜,这样一来,反倒把满满一船舱死气沉沉的鳗鱼全给激活了。

无独有偶,挪威人也遇到过类似问题。挪威人在海上捕到沙丁鱼后,如果能让它们活着抵达港口,就能卖高价。多年来只有一艘渔船能成功地带着活鱼回港。该船船长一直严守秘诀,直到他死后,人们打开他的鱼槽时,才发现只不过鱼槽里多了一条鲶鱼而已。原来沙丁鱼不喜欢游动,当鲶鱼进入鱼槽后,就使原本懒洋洋的沙丁鱼感到威胁而紧张起来,为避免被鲶鱼吃掉就迅速游动起来,这样沙丁鱼便能活着到港口了。

这个故事告诉我们:相反性格的组合往往能创造出奇迹。

千万不要以为性格相似的人越多越好,也不要认为他们聚集一起,就能组成最佳团队。两个个性都很强的人,虽然每个人都是优秀的,但如果将他们组合在一起,恐怕组合后这些人就不再是虎,而是变成虫了。

对此,一家杂志的调查也证明了这一点。那些由个性很强的人组成的企业,结果失败的占了95%,成功的只占5%,这种现象曾被人戏称为"阿波罗现象"。阿波罗是古希腊罗马神话中的太阳神,他性格刚强,思维敏捷,十分聪明。"阿波罗现象"意为由这些性格相似的人组成的团队,这些人最大的特点就是有主见,显得自己与众不同,比别人优越。但也正是主见惹的祸,大家都想当太阳,都想当主角,都想自己说了算,谁也不甘心当配角,当月亮,当星星。因此,虽然个体都很杰出,但这种团队组合却不堪一击,就像病毒一样。

有人曾在硅谷做过一次小型调查,发现一流的公司在老板与员工之间、上司与下属之间,乃至公司的合伙人之间大都存在着性格、能力、学历、知识结构等方面的互补情况。这就像是转动的齿轮,只有凸凹相配才能咬合得紧密,两个凸轮会彼此撞伤,而两个凹轮却因没有契合点而无法相容。

　　有这样一则故事很能说明这个问题：三个性格坚韧刚强、有领导欲且都精明能干的人分别担任了一家高新技术企业的董事长、总经理和常务副总经理的职位。一般人认为这家公司的业务一定会欣欣向荣，但结果却令人大失所望。这家公司非但没有赢利，反而是连年亏损，主要原因就在于由这三个人组成的决策层难以协调配合。三人性格相近，都属个性张扬、咄咄逼人、猖狂傲慢的人，都善于决断，谁都想自己说的算，但又都说的不算，最后什么事也没干成，由于管理层内耗导致企业严重亏损。这家公司隶属于某一大型企业集团，总部发现这一情况后，马上召开紧急会议，决定敦请公司的总经理退股，改到别家公司去投资，同时也取消了他总经理的职位。这家亏损的公司经过这一番撤资，在常务副总经理的努力下，竟然发挥了公司最大的生产力，在短期内使生产和销售总额达到原来的两倍，不但把几年来的亏损弥补了回来，还连连创造出相当高的利润。

　　而那位改投别家企业的总经理，充分发挥了自己的性格优势，表现出卓越的经营才能，也缔造了不俗的业绩。这的确是一个颇值得研究的例子，也是值得我们每个人深思的经典案例。三个都是一流的经营人才，可是搭配在一起却惨遭失败，而把其中一个人调开，分成两部分，反而获得成功。

　　这其中的关键或奥秘就在于人才的性格搭配和协调上。聪明的老板会不断鼓励不同性格、不同背景的员工之间协同共事，鼓励他们之间进行开放式的交流和沟通，并有意将那些具有不同性格和学科背景的人混杂在一起，目的是为了激发个体差异。比如说在一群喋喋不休的人中间，混入一些不善言语的人；在一个死气沉沉，没有效率、没有活力的部门，选派一个性格活泼开朗、富有感染力、具有强烈进攻性和好胜心的主管。一个人只要能容忍与自己性格相反的人，他就注定能成功。

延伸阅读：

斯坦福大学知名校友

赫伯特·克拉克·胡佛：美国第31任总统

沃伦·迈纳·克里斯托弗：美国国务卿

朱棣文：美籍华人，1997年诺贝尔物理学奖获得者，现任美国能源部部长

埃胡德·巴拉克：以色列总理，国防部长

莱德：美国第一位女宇航员

杨致远：雅虎创办人之一，曾任雅虎CEO，美籍中国台湾人

王文华：台湾作家及节目主持人

刘宏恩：台湾法学家

费翔：美籍华人歌手

谢尔盖·布林：谷歌创办人之一，俄裔美国人

拉里·佩奇：谷歌创办人之一

陈岳鹏：香港汇贤智库的政策发展总监

李泽钜：华人第一首富李嘉诚长子

泰格·伍兹：最成功的高尔夫球手之一

戴维.帕卡：惠普公司创始人之一

勒纳：思科公司创始人

克瑞格·贝瑞特：英特尔CEO

菲尔奈特：耐克创始人

麦克·穆西纳：美国职业棒球大联盟知名球星，目前效力于纽约洋基队

丹·米尔曼：运动员、全美心灵导师

威廉·休利特：惠普公司创始人之一

梅汝璈：远东国际军事法庭的中国法官

张忠谋：台积电董事长，中国台湾数学家，微分几何学家

曾于容：中国台湾数学家，代数几何学家

鸠山由纪夫：日本前首相

麻生太郎：日本前首相

梅里莎·梅尔：谷歌公司搜索产品和用户体验部门的副总裁.

李先雄：Epik High乐团的主唱

洛根·汤姆：美国女排进入21世纪以来的代表性球星

永远不要想着天上掉馅饼,理财不是为了发财,理财是为了做到未雨绸缪,让你的财务状况更平稳,理财和发财不是一回事,理财的目标是保持"财务平稳"。我们对理财有个明确的说法或是口号:"不是让你更富有,而是让你永远富有下去。"

——斯坦福大学的理财名言

第五章

学会理财,让财富得到最大限度的增长

有句俗话说得好:"吃不穷,穿不穷,不会打算一世穷。"它的意思很直白:我们辛苦工作得来的钱,如果没有好好地规划和打算,金钱就会像沙子一样从指缝溜走,无法积累起真正的财富。

这句话同时也道出了"理财"二字的真正含义,这个含义可以概括为:理财,虽然不能使你一夜暴富,身价陡增,但是它可以使我们辛辛苦苦赚来的劳动所得,在支付了必要的生活开销之后,余下的部分通过有计划的投资或者科学合理的规划,让我们的财富得到最大限度的增长,而不是任其随着光阴的流逝自生自灭。

积极主动地掌控金钱——你的财商几何？

说到理财，你是达人还是菜鸟？下面这个测试可以挖掘你在理财方面的潜质。

1.我喜欢刺激的休闲活动，例如高空弹跳、激流泛舟。

A.是　　　　B.有可能　　　　C.不是

2.朋友急于向我借钱，基于交情，我一定会设法帮助他。

A.是　　　　B.有可能　　　　C.不是

3.虽然我对股市不是很熟悉，但是有可靠消息透露某只股票即将有主力介入炒作，我会考虑投入全部存款购买。

A.是　　　　B.有可能　　　　C.不是

4.我喜欢运用不同的理财工具，例如股票、基金或是期货来投资。当行情看涨时，我也会利用借款来提高我的投资额度。

A.是　　　　B.有可能　　　　C.不是

5.我拥有手机、家用电脑、空气净化器、健康俱乐部会员卡中的两项。

A.是　　　　B.有可能　　　　C.不是

6.我对于参加投资说明会的热情颇高。

A.是　　　　B.有可能　　　　C.不是

7.某天我在公共电话亭打电话，发现地上有一个信封袋，一打开，里面有一万元，我会马上装起来。

A.是　　　　B.有可能　　　　C.不是

8.百货公司周年庆正举办消费满一万元即可参加价值10万元的汽

车抽奖活动,我一定会想办法凑到一万元的收据来参加抽奖。

A.是　　　　B.有可能　　　　C.不是

9.有关部门将要推行某项政策,与我自身利益相冲突,我一定会合法地表达我的不满。

A.是　　　　B.有可能　　　　C.不是

10.当了多年上班族,几位高中同学决定要自己创业,开发一项颇具潜力的产品,虽然要两年后才能看出成果,我仍然看好他们,同时很愿意入股。

A.是　　　　B.有可能　　　　C.不是

财商分析:做好你的选择了吗?每道题选A得3分,选B得2分,选C得1分。

1.得分25~30分:恭喜你,你的财商相当高,对投资资讯敏感度很高,而且不容易受市场左右。当大家都说上证指数还会冲高8000点的时候,你很可能已经在慢慢减仓或有节奏地赎回基金。可以肯定的是,金融危机对你的投资理财没有太大的负面影响,因为你被深度套牢的几率很小。唯一需要注意的是资金的调配,以便分散风险,追求更大的获利空间。

2.得分16~24分:你的财商中等,大多数人都属于这种类型,需要加油呀!你非常了解理财投资的重要性,但对自己的判断力没有信心。有时运气好能尝到甜头,但缺乏全盘的规划,到头来也没赚到多少。给你的建议就是做中长期投资,以避免情绪受到市场波动的影响,追涨杀跌。

3.得分10~15分:抱歉,你的财商恐怕低于你的IQ。你可能是说得一口股票经,却不敢行动的保守投资人;你也可能是一个完全不关心理财的"陌生人",尽管是负利息,你也宁愿存款,而不愿分配一些资金到其他理财渠道上去;你还可能是毫无主见的跟风型投资者,什么理财产品火爆就跟着去抢购。不管如何,估计你在这次金融危机中的投资损失会非常严重。其实,你只要将大部分资金交给理财专家打理,就既能享受财富增长的快乐,又能轻松应对金融危机,何乐而不为呢?

要知道,金钱是有时间价值的。何谓时间价值?通俗一点讲,现在握在你手中的10000元钱,在明年的今天可能会因为通货膨胀而贬值为5000元,也可能因为你理财得当,而增值为20000元,而这一切,完全取决于你有多强的理财意识和多高的理财智慧,算笔账来看看,你也许会更清楚。

如果你现在手上有了1万元存在银行,假定定存利率是2.6%,而通货膨胀是3%,那么这1万钱的实际利息是-0.4%。想想看,假设利率和通货膨胀率都不变,你在一年之后把这笔钱取出来的时候,会怎样?实际上这1万元已经贬值为9960元,可怕的通货膨胀从中吞吃了40多元你的辛苦所得。再往下算的话,如果你存的是10万,是100万,会怎样?

真是不算不知道,一算吓一跳!但是你如果把钱用于更高回报的投资理财,那结果就会完全不一样了,所以,只是一念之差,可能就会让你过上判若云泥的生活。

1.理财的关键不在于你能赚多少,而是你能在多大程度上照看好你的钱

人在旅途,我们随时都有可能遇到不期而至的各种风险,比如生病,比如意外伤害等等,那么,当人生的严冬来临的时候,你准备好过冬的粮食了吗?

有这样一个故事:

东山和西山各有一座庙,庙里分别住着一个和尚,两个和尚在山下打水时遇到了并成了好朋友。这一年天大旱,人们要跑很远的路,到水

源的上游才能打到水。西山的和尚很勤快，每天都跑很远挑满两桶水回庙。他发现很久没有见到东山的和尚来挑水了，以为他病了，就挑了一桶水上山去看这个朋友。当他汗流浃背地跑到东山顶上时，却发现他的朋友正闲坐在庙前读书！原来，他的朋友这几年来在打水的同时，只要一有空就挖井，每天挖一点。天大旱的时候，他的井刚好也挖成了，所以他现在能够如此悠闲……

未雨绸缪的和尚有足够的甘泉喝，更有悠闲的日子过，如果把挖井换成理财的话，我们是不是也应该学一学东山的和尚呢？

同样是几十年的人生路，因为个人的风险意识不同，就会有不同的生活质量。是主动地防御风险，还是被动地承受风险，往往都是人们自我选择的结果。如果我们被金钱所主宰和支配，那我们就有可能在人生的冬天来临的时候，像寒号鸟一样可怜；相反，如果我们能够积极主动地掌控金钱，那我们就会像东山的和尚，不慌不忙，从容富足地过一生。

理财，无疑可以帮我们拿到这种主动权。

一个20岁的人如果每个月投资67元的话，假设年平均收益率为11%，那么在他65岁的时候就可以得到100万元的资产。换言之，为了获得一笔100万元的资产，一个20岁的人在这45年中每月仅仅需要投资67元，总投入不过36180元。

如果这个20岁的人等到30岁时才开始投资，那么他为了在65岁时得到七位数的资产，他每个月就得投资202元，而总投入将增至84840元。

要是一直等到40岁时才开始投资，那么一个人为了在65岁时得到100万元的资产，他每个月就需要投资629元，总投入随之变成了188700元。

如果一直等到50岁才开始投资，要想在65岁时获得100万元的资产，每个月就得投资2180元，而总投入将高达392400元。

所以，要想致富，现在就开始行动吧。越早理财，就越早给自己的财富加一层保险。归纳起来就是：

(1)越早开始投资,就越容易创造出你预期的财富。

(2)如果你50岁的时候开始投资,虽然仍有希望达到目标,但相对于从20岁开始,就要难很多。

很多年轻人在谈到理财问题的时候,经常会用一句话打发劝他理财的人:"我没钱,也没有余钱可理。"

说这话的人是可以理解的,在我们的日常生活中,总有许多工薪阶层或中低收入者抱有这种观念,认为"只有有钱人才有资格谈投资理财",因为一般工薪阶层,特别是刚刚走上工作岗位的年轻人都会心存这样一种想法:自己每月固定的那点工资收入,应付日常生活开销就差不多了,哪来的余财可理呢?

而事实上,斯坦福的专家给我们的建议是:只要你有收入,有现金流,钱再少,只要好好规划,一样可以理财,关键就看你有多强的理财意识。

我们经常可以在报纸上看到,现实生活中不一定是穷人才会很落魄,反倒是有这么一些人,他们很有钱,却因为没有很好的理财意识和愿望,结果让自己沦为一个一文不名的穷光蛋,比如大名鼎鼎的拳王泰森。

爱好拳击比赛的人,对泰森这个名字肯定不会陌生。据有关资料的统计,泰森在自己20年的拳击生涯中,用一双铁拳为自己赢得了至少3亿~5亿的巨额财富,但是这位身价数亿的昔日拳王却在2003年,向法院提出破产申请。原来,20年努力赚得的财富在几年之内就被他挥霍一空了,而这其中的罪魁祸首,当然还是他的那双铁手——只会赚钱,不会理财的铁手。

有人说,理财是有钱人的事;也有人说,理财是高学历者、商人的事;还有人说,理财是成年人的事。其实,理财面前人人平等,理财关系到每一个人。今天,拥有100万元的富人如果选择把钱全部存银行吃利息,那他的钱很可能因为通货膨胀而不断贬值。而一个只凭1万元进入股市的年轻人如果操作得法，倒有可能过不了几年就已经拥有了一套市价100万元的房产。

反观年轻人，他们当中大多数人的工资的确都不算太高，能够不当"啃老族"，不依靠父母，自食其力就已经相当不错了，要是再从本来就捉襟见肘的那点可怜的工资中拿出一部分来用作理财的话，听上去确实有些勉为其难。但是，如果存有这种心理的朋友看看下面的这个例子，也许就不会这样想了。

小张，22岁，本科毕业，工作3年，未婚，月收入2600元左右。

小刘，25岁，专科毕业，工作3年，未婚，月收入1500元左右。

照上面的条件看，按说小张应该攒下来的钱更多，但事实却是：半年下来，小张的存款是600元，而小刘的存款是3600元。为什么会有这样的结果？

小张：衣服大商场买500；吃饭食堂、饭店700；居住市中心，一居200；公交、打车700……

小刘：衣服小商店买300；吃饭自己做，带饭250；住郊区，合租50……

那么，这样规划自己财务的两个人在生活与工作中又会有怎样的不同呢？

我们看到，已经有3600元存款的小刘，以他目前的生活水准，至少可以抵御三个月的风险，所以现在的他是"手里有粮，心里不慌"，正在着手联系跳槽的事宜，打算换一个待遇更高的公司。而小张虽然工资略高一点，相比之下却比较惨，600元的余钱连他一个月的生活费都不够，更不要说应付生活中的意外事件了，所以，小张戏称自己"连得病的权力都没有"，更不敢说要谋划什么跳槽或者学习充电之类的事了。

大家通过这个例子可以看出，其实二者的差别并不是有没有钱的问题，而是是否具备理财意识，或者理财的愿望强弱的问题。相信在80后人群中，比小张收入低得多的大有人在，可是他们一样能理财。

小洁出生在20世纪80年代，虽然早在高中时期就有了储蓄意识，但手段比较单一,只是把钱存银行做定期存款(从小到大的压岁钱,读高中时父母交给的生活费等),主要是存3年和5年的定期储蓄,因为她短期内不会动用这笔钱。

到了大学后,她合理计划自己的支出,所有费用都在控制之中,父母每月给她的生活费基本上都有结余,但那时候,她还是只把钱存银行。

工作后,她的收入不高,但每年年初仍要制定一个储蓄计划,并尽力完成。之后,跟同事们聊天时,她了解了国债、基金等投资渠道,于是就开始了自己的理财之路。由于她属于比较保守的人,抗风险能力也弱,所以她用50%的资金买了3年期国债。

两年后,在人民币理财产品热销的时候,她购买了2万元,尝试一下。实际上,小洁对这类产品一点概念也没有,还好本金安全收回,收益超过了3%,比存银行定期好多了。

不过,小洁真正花工夫的是基金。近年证券市场行情比较好,各种基金收益率很高,所以她又把手中30%的资金投了基金。

购买基金前,她经过慎重选择,做足了功课:先从基金公司的网站上了解信息,查看基金公司的综合实力排名,了解基金经理的情况;晚上,经济类的电视节目会推荐一些基金,她也会关注,了解基金发行情况。本来她打算购买几只老基金,但最后还是选择了新基金,因为老基金净值太高,会增加投资成本,后来,这几支基金的回报率都超过了6%,算是一笔不小的收获了。

所以,理财的关键不在于你能赚多少,而是你能在多大程度上照看好你的钱,不让它们不知不觉地从指缝中漏出去。"不积跬步,无以至千里;不积小流,无以成江海。"永远不要认为自己无财可理,只要你有经济收入就应该尝试理财,也许会给你带来丰厚的回报。

"积少成多,聚沙成塔。"如果我们能够意识到理财是一个聚少成多、循序渐进的过程,那么"没有钱"或"钱太少"不但不会是我们理财的障碍,反而会是我们理财的一个动机,激励我们向更富足、更有钱的路上迈进。

理财在很大程度上和整理房间有异曲同工之处，一间大屋子，自然需要收拾整理，而如果屋子的空间狭小，则更需要收拾整齐才能有足够的空间容纳物件。我们的人均空间越是少，房间就越需要整理和安排，否则会零乱不堪。同样，我们也可以把这个观念运用到个人理财的层面，当我们可支配的钱财越少时，就越需要我们把有限的钱财运用好。而要运用和打理好有限的金钱就需要一种合理的理财方式。归根结底，我们应该明白这样一个事实，不能因为有钱，甚至钱多就不用理财；而钱财有限，则更需要理财。

在年轻的朋友当中，也不乏这样一群人，他们学历高，所学的又是热门专业，所以工作好，工资高，甚至每个月万儿八千也不是问题，所以这其中就有一部分人觉得没必要理财，节流不如开源。当然自己也会注意节约，不会每月花光光，一样过得很好，每年年底还能剩一点钱够零花。有这种想法的也是大有人在。

乍一听，好像这样的生活方式也挺好，不用费心去理财，钱肯定也够花，但这种很随性地对待自己钱财的态度看似悠闲自在，实际上还是因为没有遇到不可预期的风险。一旦遇到了，我们就会发现，目前的这种"自由"是有代价的，它会让你在缺乏有效防御的前提下，将自己暴露在风险之中，遭受挫折或损失。

在现实生活中，我们看到有许多白领由于工作压力较大，很少顾及理财，他们常常是把钱往银行一存，就以为是最安全的了。而实际上，正如我们在前面文字中所提到的那样，这种把钱放在银行里任其生灭的方式，在理财产品和理财渠道如此丰富的今天，其实是十分错误和愚蠢的。

今年25岁的王林，在一家房地产公司担任客户经理，年薪加分红在十万以上，这在同龄人中是相当不错的收入了。看着银行里的存款一个月比一个月高，王林很是得意，觉得周围的同事今天聊保险，明天又选基金，真是有点瞎折腾。自己的收入那么高，存在银行里，又安全又省心，有什么不好呢？所以王林从来不会听公司组织的理财咨询课，同事们纷纷购买商业保险，他也从来不参与。

然而，天有不测风云，一次驾车游玩时，王林不小心伤了腿，需要手术治疗，并卧床几个月，这下子，光是手术费、住院费、生活费就要十几万，而王林的所有存款也不过七八万而已，好歹公司还有医保，但是也才一万多。没有办法，王林只好去借，东拼西凑总算把救命钱给拿出来了，算是救了急。

此时的王林是追悔莫及，他恨自己没有未雨绸缪，本来只花几千块钱办个保险就可以解决的问题，结果现在倒好，不但自己从前的积蓄被一笔勾销，还成了"负翁"。他从这件事上长了记性，开始学习保险及各种理财手段，从而可以为自己规划一个稳定的未来。

说来说去，我们都是在讲这样一个道理：对一些高收入的年轻朋友而言，理财是同样重要的。

即使在目前，你的工资已经远远高出同龄人，暂时不必担心生计问题，但是要知道，随着时间的推移，你可能会面临买房、结婚的事情，甚至以后养育子女的问题，面对这一大笔即将到来的支出，如果不及早做打算，到用钱时怎么办？和父母要？找朋友借？再比如，假如有一天，你或者你的家人像上面的王林一样，不幸得了重病或受了外伤，在现有的医疗保障体制下，大部分的医疗费用需要由自己承担，需要很多钱来医治时，你又该怎么办？

其实，只要你在平时有足够的风险意识，能够做到未雨绸缪，所有这一切可能就会是另一种结果。

小李，一毕业就进入一家大型广告公司，拿着同龄人都羡慕的薪水和福利待遇。他虽然不大手大脚，但也从来没有理财的概念，所有存下来的钱，一概扔在工资卡里动也不动。他觉得这样处理钱就已经很安全了，至于那些股票、基金之类的东西，在他看来都是不实用的，说不定还会有什么风险把原有的积蓄给搭上去,还是老老实实放在银行最安全。

眼看,他卡上的钱越来越多了,与他差不多的同事都已经去炒基金、买保险,投资各类理财产品了,并劝小李也参加进来,小李还是纹丝不动,心想,这种理财方式太有风险,万一赔了怎么办? 还是我这种"理财方式"最安全。

又是几年过去了,许多投资理财的同事们在新一轮的牛市中,理财收益都在10%以上,加上他们原有的存款,足够让他们轻轻松松地交付房子的首付钱了,所以很多人都纷纷开始计划着购房置业,而小李的存款却只能保证他在几年之内衣食无忧而已, 小李这才发现和其他人相比,自己已然输在了起跑线上。

所以,综上所述,一定要培养自己的理财意识,收入高的就多做一些安全的投资,收入不理想,就少做一点,但不能不做。

2.掌握严谨有度的理财方法

理财,只要能慢慢坚持下来,总有一天你会收到意外之喜,或者庆幸自己当初的明智之举。但刚刚接触理财的中国人,尤其是缺少耐性的青年朋友们会天真地抱有这么一种想法:指望着理财能够帮自己很快地发家致富。

小林就是这样一个投资者,一方面他不想让自己辛辛苦苦赚来的钱放在股市里冒风险,另一方面,又想很快地让自己的收入见到很好的回报。思来想去,他在朋友的建议下,买了一只基金。在他看来,基金的低风险与平稳收益对他这种谨慎胆小还想发财的投资者而言,是一个不错的选择。

前几个月,他的基金表现优异,小林每次上网站看他的基金时,都能由衷地感受到财富增长带给他的惊喜。然而,在接下来的三个月里,这只基金开始不断地"跳空",反复考验着他的心理承受能力,耐住性子的小林坚持认为它是在积蓄力量,酝酿反弹,所以暂时没有采取什么措施。然而,再接下来的好几个月里,小林发现他的这只"鸡"已经变成了"瘟鸡",长跌不起,到最后几乎是"破罐子破摔",再也不理会小林焦灼的目光了。结果,小林刚刚尝到了一点增值的喜悦,就眼看着这只他寄予了厚望的基金一落千丈。愤怒的小林一气之下,不顾朋友的劝告,立马"杀鸡"——将这只基金低价处理了,并打算从此以后,再也不涉足投资理财了。

然而,过了不久,他就尝到了冲动的后果,小林当初买下又抛弃的那只基金奇迹般地咸鱼翻身,一举创下了佳绩,而小林的一时冲动,让他损失的不仅仅是金钱,更是第一次投资失利的账单。

从小林的经历中,我们可以得到这样的教训:不管我们多么渴求财富,在投资理财的时候都要头脑冷静、踏实稳当。像小林那样,在理财的过程中,想通过快进快出,很快地赚到大钱,想一想的确是很诱人,但是事实和经验告诉我们:从长期来看,严谨有度的理财方法往往收效更佳。

不少人一听投资理财基金、股票就觉得恐怖,其实完全没有这样的必要。年轻时家庭负担较小,也是最能承受风险的时候,拿出小部分的钱试试基金、股票、债券之类的金融产品,也许会遭遇部分损失,但这是提高自己投资理财能力最有效的方法。个人资产的投资增值是我们一生都要面对的问题,当我们没有富裕到可以请专业理财师来打理的时候,请自己动手吧。

有专家曾对此做过科学的研究:同样一种理财产品,你持有1年的话,负收益的可能性占到22%;持有5年的话,负收益的可能性为5%;而持有10年的话,负收益的可能性为0%。其中的原理就在于:任何投资理财都存在着一定的风险波动,如果你持有的时间越长,那么风险的波动就会更趋近于它的长期均值,也就是说你的风险会随着时间的延长而被中和掉一部分。当然，前提是你要选对真正有价值的产品，比如，在中国的理财产品中，购买银行或者业绩十分出色的国际企业的股票或基金就更有利于你长期受益，而这就需要我们多了解一些关于理财方面的知识与技能，不断地寻找适合自己的理财方法、方式。

被誉为股神的巴菲特在他的一本书里介绍说，他6岁开始储蓄，每月30块。到13岁时，已经有了3000块钱，他用这3000块钱买了一只股票。年年坚持储蓄，年年坚持投资，数十年如一日。现在85岁的巴菲特，是美国首富，长年占据《福布斯》富人排行榜前三甲。

另外，有理财专家经过长期的观察和调研，发现股票投资虽然向来被视为风险很高的投资领域，但能在股票领域上获利颇丰的投资者，却恰恰是那些坚持长期持有的群体，这和他们对投资产品的深入研究，同时具有长期持有的信念和决心是分不开的，无论市场波动多么剧烈，这些人始终采取持有的策略来应对。

不仅仅是风险程度高的股票，风险程度略低的基金亦是如此，据有关报道称，曾经有基金公司发起过寻访公司原始持有人的活动。调查的结果是，就该公司单只基金的收益来看，原始持有人的获利普遍超过了200%，远高于那些提前赎回或者中间多次交易的投资人的回报水平。

国际上的一项调查表明，几乎100%的人在缺乏理财规划的情况下，一生中损失的财产从20%到100%不等。举例来说，有华侨在美国辛苦打拼一辈子，把毕生积蓄存于某家银行，却不幸遭遇这家银行破产，按照当地的法律，政府只保护10万美金以内的存款，其余的全部打了水漂。再举例来说，很多人在世时富甲一方，但去世后遗产税甚巨，子女仅能享受一半的遗产，甚至因为无力支付遗产税而被迫放弃遗产。

所以，作为一个现代人，尤其是最具备理财年龄优势的年轻人，应该在一开始就有个清醒的认识，树立良好的理财心态，总有一天会从中受益。我们不需要达到格雷厄姆或巴菲特那样的大师水准，但弄清楚成熟市场基本的投资哲学和游戏规则，会有助于年轻朋友避免将自己的辛苦钱捐给毫无预期的"市场黑洞"。

一个非职业的投资者,最担心的是投资市场中无所不在的"陷阱",尤其是隐藏在大肆宣扬的回报率后面的黑箱操作。如果对自己的理财知识不是很有信心的话,最好询问专业的理财投资师或者个人理财顾问,不要自己盲目下决定,这样,才能真正做到"理之有道"。

要知道,理财不是投机,而是细水长流、相对稳健的财富积累。如果我们指望着靠理财而一口吃成个胖子,最后只能让我们欲速不达,甚至适得其反。

因此,我们并不是只具备理财的意识就足够了,对自己财产的打理,也要讲究循序渐进,长线操作,稳中求升。理财,既需要智慧,更需要耐心。

正确的理财步骤如下:

第一步:要了解和清点自己的资产和负债。

我们知道,要想合理地支配自己的金钱,首先要做好预算,而预算的前提是要理清自己的资产状况,比如,我有多少钱?哪些是必不可少的消费支出?我有多少钱是可以用来理财的?

我们只有对自己的资产状况进行理性分析之后,才能结合自己的需求,做出符合客观实际的理财计划。而要清楚了解自己的资产状况,最简单有效的办法是要学会记账。

第二步是:制定合理的个人理财目标。

弄清楚自己最终希望达成的目标是什么,然后将这些目标列成一个清单,越详细越好,再对目标按其重要性进行分类,最后将主要精力放在最重要目标的实现中去。

一般来说,大多数人的理财目标不外乎以下内容。

(1)应付意外风险,如失业、意外伤害等,这主要来自于保险或者备用金。

(2)供给生活开销,这主要来自于工作或者生意所得。

(3)自我发展的需要,如度假、学习、社交,来源同上。

(4)退休后的生活供给,来自于保险、退休金。

第三步,通过储蓄、投保打好基础。

我们常说盖房子要先打地基,地基牢固,房子才安全,理财也是如此。刚入社会的人,因为有着大把的时间和机会,有着可以冒险的资本,尽可以大胆出击,但是开始理财的时候,尤其是对初学理财的年轻朋友,还是以稳健为好。所以,应该以储蓄、保险等理财手段先打牢地基,然后再根据自身的喜好和实际情况,尝试高风险、高回报的理财品种。

第四步,安全投资,随时随地控制风险。

安全投资就是结合自身的条件,比如抗风险能力,找到最适合自己的投资方式,千万不要急功近利,看什么赚钱快、赚得多就做什么,在准备投资之前,最好分析一下自己的风险承受能力,认清自己将要做的投资属于哪种类型的投资,是稳健型投资,还是积极型投资或者是保守型投资等等,然后根据自己的条件进行投资组合,让自己的资产在保证安全的前提下最大限度地发挥保值、增值的效用。

第五步,经常学习,改进自己的理财计划。

权威专业机构曾经对北京、天津、上海、广州等4个城市进行了专项调查,调查结果显示,74%的被调查者对个人理财服务很感兴趣,41%的被调查者则表示需要个人理财服务。

该调查说明:一方面,我国的理财热潮刚刚兴起,理财方面的人才还十分匮乏,目前的从业人员良莠不齐,作为理财投资人,我们自己应该多学一些理财知识,有助于增加自己的鉴别力,不至于盲目、上当。另一方面,我们得学会对自己的财产负责,在自己对市场把握不准的情况下,专业机构的理财顾问能提供相对全面的资料,为客观的判断和投资做参考依据。

3.学会对自己的财产负责,搬掉理财的绊脚石

很多年轻一族在提到钱的时候,经常挂在嘴边的一句话就是"为什么我的钱总是不够花?""为什么总是存不下钱?"

不知道常常为"钱不够花"而苦恼的朋友们,有没有考虑过自己的钱是怎么被花掉的?你对自己的钱流向何处,心中有数吗?你认为自己的钱都花在"值当"的地方了吗?

大学刚毕业的小李上班两个多月,每个月4000元左右的薪水,单位还替他租了住房,但他这两个月都是"月光"。日常吃饭费用、交通费、电话费和水电费最多1000元,那其他的钱都怎么没了呢?小李自己也觉得不对劲,左算右算,请朋友吃饭、唱歌、出去玩、买衣服,这些又花掉了1500元左右,其余的钱怎么用掉了他还真一时想不起来了。

如何有效支配你的钱?最好的办法就是做预算,和自己算算账。在这一点上,可能不同的人还会有不同的认识,但是最基本的意识,是确信无疑的,就是先把自己的账算算清楚。

曾有一个"月光族"朋友自曝家底:虽然自己的月收入在几千元的样子,但也还是要父母每个月"救济"她近2000元的生活费才能过活。那么,这几千元的生活费她是怎么用掉的呢?

她自己举了下面这个例子。

有一天,她揣了100元钱去逛沃尔玛,本来只想买一瓶10元钱的杀虫剂,但从沃尔玛出来后,又逛了外面一些卖饰品的小店,觉得这也好看,那也不错,忍不住就把100元钱全花光了。即便如此,还是意犹未尽,看看旁边服装店的一款夏装正是自己的最爱,虽然当时已经身无分文,但是信用卡还在。

结果,一路刷卡下来,对花了多少钱的概念就更没谱了,到最后大包

小包地拿了一堆东西回家，新鲜劲一过，许多东西就被束之高阁，打入冷宫。她也后悔过，但是过不了几天，冲动劲儿一上来，新的血拼就会再次上演。

另一位已经结婚了的蒋小姐，虽然收入尚可，但同样也感受到这种没钱的压力。蒋小姐参加工作一年多了，今年4月份刚刚结婚。据称，她和老公月收入加起来约6000元，平时与父母住在一起，除去每个月给父母缴1000元生活费，还贷款买了两套住房，月供总计2100多元，老公抽烟大概还要花500元。再扣去乱七八糟的花销，蒋小姐感到钱老是不够用。尽管以前也尝试着记账，但始终无法坚持，不知不觉手中的钱就没了，并且感觉所有的花销都是应该花的，绝对没有乱买东西，如果遇到朋友聚会或送礼较多时，还会入不敷出。

从上面的例子中可以看出，两位喊钱不够花的主人公，在消费账目上都是一笔糊涂账，对自己的钞票流向何处心中没数，而这正是进行个人理财的第一块绊脚石。

有人也许会问：

知道了钱的去向又能怎么样呢？

记账和理财又有什么关系呢？

记账又不能让我的收入变得更多！

……

的确，光是记账确实不能够使你每个月2000元的工资变成4000元、5000元，但是记账却可以帮你做到以下几点。

控制过度消费

通过记账，你会很清楚地知道自己的钱都用来做了什么，对每一笔账都做到心中有数。哪些是必要的开销，哪些是非理性的，应该避免的花费？各占多大的比重。有专家统计，个人或者家庭的年节余比例要达到收入的40%才是正常的。参照这样的比例，有助于帮助你找到家庭超支的大秘密，并对症下药，相信"月光族"如果能够学会记账，每月月底也就不会再度日如年了。

规划安全、合理的财务结构

记账,并不是单纯地把每笔收支记个流水账,更重要的是要进行归纳总结,就像每个单位的财务人员可以从账务中判断公司的发展方向一样,个人或者家庭也可以通过记账制定日后的消费计划,这样才能为理财制定一个清晰合理的脉络。

比如,以北京一个月收入3500元的年轻朋友小A为例。

收入:3500元

支出:

(1)房贷为1500元。

(2)日常开销:每月1000元左右,包括柴、米、油、盐等基本开销,还有通讯费、水电煤气费、日常请客吃饭等的日常开支。

(3)学习投资:每月500元,用来上外语班,进行专业进修。因为小A很清楚,年轻,正是学经验、长知识的最佳时机,所以一定要趁此大好光阴多积累,多学习,培养自己赚钱的能力才是最大的理财。对于这笔支出富余出来的部分,小A先用它买了开放式货币基金,因为它的风险小,并且可以随时动用,收益相当于银行定期存款,而且还不收利息税。

投资:

(1)每月拿出200元,购买保险。因为年轻人活泼好动,爱冒险,所以小A买了意外伤害险。

(2)每月300元买定投基金。很多朋友可能会把这区区300元不看在眼里,随手当作零用钱花掉了,而我们这位小A朋友则用这300元参加了基金定投,一年之后他的账户里又多了4500元(定投的基金收益为5%)。

另外,为了防备发生意外之需,小A还给自己办了一张信用卡备用,并给自己立下规矩:不到万不得已,不会轻易刷卡消费。

可以说,上述的账目记录就是一个很好的理财规划表,所以说,记账可以帮我们及时走出消费误区,调整财务计划。

比如，有一位女士，本来想买辆车作为代步工具，朋友劝她说现在油价上涨，养一辆车的费用还不如打车合适。这位女士觉得朋友的话有道理，就暂时放弃了买车的想法。

但是，经过一段时间的消费记账之后，她发现，依她自己的情况来看，每个月打车的费用基本在千元左右，遇到刮风下雨，还可能因为打不着车而误事，这样一算，还不如买车合适呢。于是，她重新修正了自己的消费计划，将买车纳入了自己的近期计划之中。

还有一点值得一提的是，现在已经进入"刷卡"时代，信用卡的普及帮我们解决了很多问题，但是也给年轻朋友们带来了一定的苦恼。许多朋友们往往是刷卡的时候特潇洒，但是到对账的时候就后悔不迭，而且信用卡如果使用不当的话，还会有一些"陷阱"。比如，信用卡的提现利息虽然听上去不是很高，可是它的提现手续费却是高得吓人，而一般的发卡银行是不会事先向你说明这些细节的。另外，如果你因为财务问题，不能及时全额还款的话，上缴的滞纳金也是很高的，而这一切往往都是在我们吃亏之后才会发现。

所以，"天下没有免费的午餐"，信用卡表面给你提供很多便利，但是你不会巧妙使用的话，就会有很多不可知的黑洞在等着你，一个不留神就会让你成为"卡奴"。

当然，对我们来说，记账只是起步，记账是为了更好地做预算，通过合理地预算来合理安排家庭财务，逐步实现各个目标。

在消费支出中，每月的家用、交际、交通等费用还是可以控制的，我们只要对这些支出好好筹划，合理、合算地花钱，使每月可用于投资的节余稳定在同一水平上，才能更快捷高效地实现理财目标。

房奴、卡奴要知道的一个数字：35%

小张夫妇刚结婚没多久，还没有尝到新婚的喜悦便过起了拮据的日子。原来双方父母为他们买了一套新房子作为结婚礼物，两家老人付了首付，由小夫妻俩付月供，是3000元，而他们的月收入一共是4000元！刚刚嫁作人妇的小张，连买一件新衣的余钱都没有，每天还得精打细算地过日子，而且让她更加寝食难安的是，这种日子不知什么时候是尽头！

对企业和个人来说，适当地有一点负债并不是一件坏事，它可以通过杠杆作用，帮我们实现更大的收益。但是要注意的是，负债多少，是有个度的限制的，并不是负债越高，好处越多。有专家研究得出结论：个人或家庭的负债率要小于35%（负债率=每月还债数额÷每月实际收入×100%）才不会影响个人的生活质量。高出这个数值，你可能就得为了一个"债"字，过一段捉襟见肘的日子。

口袋里留多少应急钱才合适？

许多人都遇到过这样一种情况：因为生活中出现了一点小意外，急需钱用，但是又因为自己理财心切，把所有的"闲钱"都用作了投资，结果不得不在股市亏损的时候"割肉赎回"，给自己造成了不小的损失。如果你在自己的生活中遇到过这种情况的话，那说明你的财务规划不够合理，财务结构是不安全、不健康的。

在安全、健康的财务结构中，会有一个适当的资产流动比率的概念。所谓资金流动比率就是：流动性现金÷每个月支出。流动资金，是指在急用情况下我们能够迅速变现而不会带来损失的资产，比如现金、活期存款等。

举个例子来说，如果你手中有10000元活期存款，你的日常支出是每月2000元，那么你目前的资产流动比率就是5，也就是说一旦遇到意外情况，你手上的现金可以维系你5个月的正常生活而不会带来其他的损失。

而如果你手上仍是这么多的活期存款，每个月的支出改为10000的话，那么你的流动比率就是1，只能维持一个月的生活，这就是不太安全的。

那么，流动比率是不是越高越好呢？绝对不是！很多工薪层的大忙人可能经常会有这种情况：他们把收入往工资卡里一存便不去管它，等到应急时,资产变现得倒是很快,但是这种流动比率过高的情况实际表明,你的很多闲置资金没有为你实现收益最大化,是被你浪费了。

而一般来说,健康的财务结构中,流动资金的比率是3～8为最好。

每个月花多少算合理?

在消费上做"月光族"当然不可取,但是因为理财让自己成为守财奴,当苦行僧也是要不得的。我们提倡的理财,是一种攒钱和享受生活双重兼顾的科学理财。

所以,要保持消费和投资有一个适当的度。

先来说说消费,一个人或一个家庭,每个月消费多少才是合理的?才不会让自己入不敷出或者影响生活质量?答案是:40%～60%,也就是你每个月的各项消费支出占到总收入的四到六成,这是理财和享受生活的最佳平衡点。

再来说说投资比例的问题,专家给出的建议是,投资的理想指标应该是在50%以上,净投资比率=投资总额÷净资产。除了买房产做投资,我们还应该有国债、基金、股票等能够直接产生收益的资产,投资比率越高,说明我们的投资越多元化,赚钱的渠道越多。特别是随着年龄的增长,这一比率应该逐渐增大,这样我们对工作收入的依赖程度会大大降低,也就是我们的财务自由度大大提高,从而不会因为失业而使自己面临困顿。

例如,如果一个人靠买基金和炒股的收益就可以支付个人的日常开支,那么这个人的财务自由度就很大,除了满足基本的生活消费之外,也不用为了赚加班费而没日没夜地枯守办公室,还可以有余财安排更多健康、丰富的活动,如旅游、学习等。学理财两年的小李在这方面的经验可以给我们很多借鉴,大体来说,要做到以下四点。

坚持收支两条线

小李摸索出了收支两条线的好处:一收一支账目分明,利于调控消费。她给自己办了两张银行卡,一张是收入卡,一张是支出卡。其中的工资卡是农行卡,她的主要收入都存放在里面,另一张支出卡是一卡通,用这张卡开通一网通后,网上交易主要靠它,另外还靠这个网上账户在淘宝上开了家网店,零花钱、日常支出也在内。

坚持预算

每个月工资拿到手,小李首先是把每月固定储蓄、投资的钱扣除,然后将自己近期的消费列个清单,做个预算,如果预算超出了每月的消费比例,就将其中的非急需消费剔除或者列入下个月的消费计划中。每次出门采购也基本上事先做个预算,预计花多少钱,什么是必买不可的,对于清单之外的东西,除非是难得的打折机会,否则坚决不买。

对于平时的零花钱,小李也有妙招。她实行了"信封制",将每个月预计的零花钱放在一个信封里,并只花掉其中的70%,余下的钱积少成多,或者作为意外支出用,或者作为奖励,给自己买件衣服。总之,理财在她看来是一件非常有趣又快乐的事。

坚持专款专用

小李的专款就是保险费、旅游费以及当年要购买的高档消费品(小李将1000元以上的消费定为高档消费品)。她一般会在年末预算下一年的旅游费,准备什么时候去哪几个地方,大概准备花多少钱。保险费是固定的,只要记得交费的日子就行了,然后简单地分摊到每个月的扣款中,按时间的长短、先后,每月大概要扣多少,大概都有个预算,具体数额再根据实际情况进行调整。每次的专项消费都会有一定间隔,给出几个月的准备时间,不至于让几项大消费都集中在一个时间段,以免某个月的支出太多,给自己造成太大压力。

坚持整理收据发票

每次消费后,小李都会索取发票。一是为了让自己知道钱花到哪里了,回家也好记账;二是理赔或维修的时候,自己有个依据。她把消费的发票按时间顺着放好,集中放在一个巧克力盒子里。每年年底将其中无用的剔除掉,而且她自己说,留着这些发票对她还有另一个重要意义:

看着那一摞摞的发票，有时候会觉得愧疚和震惊，不禁要慨叹：人活一辈子得花多少钱啊！情绪会在这些发票前变得很复杂。有时候，她开玩笑说，每当自己有购物冲动时，就会看一下这些发票，冲动就会变得很弱了。

要做到小李这样，其实一点都不难，只要在平时稍微用点心就可以了，而尤其要注意的是减少生活中细枝末节的消费。有时候，恰恰就是因为这些不为人注意的细节使你的钱包不知不觉地空了。

所以，我们在消费的时候应该让头脑处于清醒状态，仔细考虑好以下问题。

★尽量压缩不必要的开支，如：交际应酬、购买奢侈品。

★不节约是永远没钱的，不记账更是不知道钱去了哪里。

★建议将每月20%的工资，或者更多，做基金定投，既是强制储蓄，同时收益也可能相对更高。

★基金定投很多银行都可办理，起点最低可至100元/月。

★如不懂如何制定理财计划，一是向理财师咨询，二是从理财书籍中取经。

★你的交际圈很大程度上影响着你的消费。多交些理性的、有良好消费习惯的朋友，慎重结交那些以胡乱消费为时尚，以追逐名牌撑面子的朋友。

★同朋友交往时，最好的方式还是大家轮流坐庄，或实行"AA"制。

★逛街前先想好主要购买什么和大概的支出，做到心中有数，不盲目购物。

★如果你是花钱无度的单身一族，那么使用信用卡一定要慎用，或者干脆不用。

★分配好预算，按预算办事，执行得好，可自我奖励一下。

成为百万富翁的步骤

美国人查理斯·卡尔森调查了170位美国的百万富翁,总结了成为百万富翁的八个行动步骤:

第一步,现在就开始投资。现实生活中,那些没有成为百万富翁的人们,有六成以上是连成为百万富翁的第一步——投资都没迈出。

第二步,制定目标。不论任何目标,要有计划,坚定不移地去完成。

第三步,要分散投资,不要把鸡蛋都放在一个篮子里。

第四步,不要眼高手低,要注意选择绩优股而不是高风险股。

第五步,每月固定投资,使投资成为习惯。不论投资金额多少,只要做到每月固定投资,若干年以后,就足以使你的财富超越美国2/3以上的人。

第六步,坚持就是胜利。调查显示,3/4的百万富翁买一种股票至少持有5年以上,近4成的百万富翁买一种股票至少持有8年以上。

第七步,把国税局当成投资伙伴,合理利用税收筹划。

第八步,控制财务风险。富翁大多过着很乏味的生活,工作固定,稳定性是他们的特色。

国外的国情也许无法和中国相比,但我们可以从中得到借鉴,刚刚踏入职场的社会新人在理财方面和工作数年、小有积蓄的白领就应该区别对待。

1.正确认识金融商品

或许你认为自己已经学到了教训——投资股票有风险,所以以后不要再投资股票,而是把钱放在定存,这样就不会再次受伤了。这并不是一个正确的态度,就如同曾经发生了车祸,从此就不愿意再开车或坐车一样。不再开车,固然车祸的几率会降低,但也丧失了开车的便利性。其实,问题不在汽车,而应该是吸取车祸的教训,学习正确的开车方式,从此更加小心才是。同样的道理,股票本身并没有害处,任何投资工具都是有风险的(包括定存在内)。投资股票造成了亏损,主要是因为人们对于股票的认知有错误,更正确地说,就是对于金融工具认识不清。"水可载舟,亦可覆舟",要看人们以何种方式、何种心态在使用。因此,我们的第一步,就是正确认识金融商品。

首先认识三种最普遍的金融商品。

经济学理论告诉我们,当我们看到喜欢且有需要的东西时,就面临选择,是今天买,还是将来再买?是买衣服,还是买鞋子?通常立即购买的满足感是最高的,如果愿意将钱省下来,等到未来再购买的话,我们就会期望在未来能够有更高的回报,以此来抵消目前无法立即消费的遗憾。

比如,等两个月后再买就可以打折,否则,如果今天买与下个月买的价格都一样,绝大多数人都会今天就买,因为多了两个月时间可以享受。

投资时,人们也会面临类似的选择。首先要决定的就是在众多的金融工具当中,应该将钱放在哪些金融产品上。最常见的选择有存款、债券与股票,这三种金融工具的特性与未来可能的回报都不相同。当然也有其他的投资工具可以考虑,例如房地产、古董、黄金、期货、外汇等。

在这里,我们先针对三种最普遍的金融商品进行探讨,想要做出正确的选择,就必须先对这三种产品有充分的了解。

存款

存款是变现能力最强、价值最稳定的金融商品,这也是将钱变为存款最大的好处,几乎你想用钱的时候,就可以随时将钱领出来,这是其他金融工具所没有的。变现能力是很重要的,许多家庭财务出问题,并不是因为资金不够,而是将太多的资金放在变现性不佳的工具上,在急需用钱时就可能产生问题。存款人将钱存入银行,主要获得的报酬是利息收入,而利息的高低与景气的好坏有很大的关联。通常景气好的时候,利息就会比较高;反之,利息就比较低。

债券

简单来说,债券就是发行债券的人向购买债券的人借钱,并承诺定期支付借款利息与到期支付本金。债券依据发行的机构又可分为政府公债与公司债券两种类型。

政府公债——政府公债是以政府的信誉作为担保,向购买债券的个人或机构借钱。因为是由政府作担保,所以理论上没有违约风险。但每个国家的情况不同,有的国家财政不好,有的政府政权不是很稳定,例如非洲或拉丁美洲的某些国家,其政府债券仍有违约的风险。国际上,以美国政府的公债作为风险最低的公债,而其他国家所发行的公债则依据该国的财力与政局稳定度,被认为多少都会有违约的风险,差别只在于高低不同而已。政府发行公债向投资人借钱,之后每年或半年会支付公债的持有人一笔利息,并约定数年或数十年后,由政府偿还投资人本金。

一般来说,政府公债没有太大的违约风险,但是在公债到期之前,仍然会因为市场的利率变化而面临利率上的风险。因为一旦投资了债券,每年所能收到的利息是固定的,未来如果市场利率上升,则债券的投资人就会丧失利息同步上升的好处。

公司债券——公司债券顾名思义，是发行公司以公司的信誉作为担保，发行债券向投资人借钱。但是，再大的公司都有可能会倒闭，如震惊全球的雷曼兄弟。因此，投资公司债券，必须考虑发行公司是否有违约的风险。理论上，规模越大、财务越健全的公司，其倒闭的几率较规模小的公司来得低，因此违约的风险也比较低。如果想投资公司债券，可以参考债信评等公司对于发行公司所做的评等，债信评等越高的公司，其违约风险也就越低。当然，就像公债一样，公司债券除了有违约风险以外，同样也会面临利率的风险。

股票

相信多数人对于股票多少都有些了解，股票代表的是对发行公司的所有权，拥有的股票数量越多，表示拥有公司的所有权也就越多。任何企业都不可能保证会永远存在，如果投资的公司倒闭了，该公司的股票也会变得一文不值。但与公司债券不一样的是，只要公司持续经营，股票就没有到期的一天。

其次，认识储蓄与投资的差别。

其实这两个名词主要在于区分不同金融商品的特性与用途，但是这两个名词经常被人误用。如果你对这两个名词有比较清楚的了解，在金融工具的选择上就不会感到无所适从了。

简单来说，储蓄型商品就是以获取固定的利息收入为主要的报酬来源。依据这个定义，存款与债券就是储蓄型的金融工具，因为不论将钱放在银行还是投资债券，基本上都是以获取固定的利息收入为主。储蓄型商品的特性是变现性高，投资报酬率比较确定，因此储蓄型商品适合短期的资金。例如每个家庭都应该有一些应急准备金，这个资金是用来支付生活中的不确定因素，如失业、天灾、意外等。当这些事情发生时，通常都需要钱，如果手上的现金不够，生活就可能出现问题。而这笔资金必须足够支付平时6个月的生活费用，所以这笔资金就应该放在储蓄型的商品上。相对地，若是长期的资金，就不适合放在储蓄型商品上。

从前面的分析我们可以知道,将钱放在存款上,长期下来实际报酬率是相当低的。债券的报酬率虽然稍微好一些,但也不会太高。因此,将钱放在储蓄工具的人就要有这样的认知,这些钱会比较安全,但是长期下来增长有限。要记住:储蓄型产品,其安全性较高,但是并非长期资金的良好去处。

投资型商品是以赚取价格差作为主要的获利来源,因此价格变动是很正常的。很明显,在这三种金融工具里面,股票就属于投资型商品。投资型商品的特性,就是短期价格的变动很难预测,而长期的变动有利于投资者。前面的几个例子都告诉我们,长期来看,投资型商品(股票)的报酬率是远高于储蓄型商品(存款、债券)的。希望长期累积较多的资金,并且有效地抵抗通货膨胀,就只有靠投资型商品。要记住:投资型商品是长期资金最好的去处。

对于需要长期投资规划目标,如子女教育金与退休金准备等,规划的目的是有效抵抗通货膨胀与长期的资本成长,而储蓄型商品并没有办法达成这些目标。因此,就算想用部分的储蓄产品来降低投资风险,在规划这类长期目标的时候,也不能够加入太多,唯有多加入投资型产品,才能有效达成这些长期目标。

上述储蓄与投资商品的观念看似简单,却是多数人搞不清楚的地方,他们常常将短期的资金放在投资型商品上,或是把长期的资金放在储蓄型商品上。如果一开始就选错了金融商品,几乎就注定了日后失败的命运。你可能会问,到底多久称为短期,多久称为长期呢?通常来说,以5年为界线,5年之内不会用到的就是长期资金,反之就是短期资金。如果你想要将资金放在投资型商品上以累积较多的资金,那你的投资期限最少要5年;如果你无法坚持投资超过5年,那你只好考虑储蓄型产品,否则是没有办法做好投资规划的。

TIPS:你对股票了解多少

来做个小小的测验。以下是一些我们经常听到的说法,现在就请你来回答一下,哪些是正确的? 哪些是错误的?

【随堂测试】

正确的请打"√",错误的请打"×"。

1.想投资成功就必须买在最低点、卖在最高点,通过专业的技巧图形的判断,就可以预测出最高点与最低点。( )

2.真正的投资专家能够准确预测股票市场的走势,当然,这样的投资专家只有少数几个人。( )

3.只有找到未来股市的上涨赢家,才是投资致富的不二法门。( )

4.会买股票是徒弟,会卖股票才是师父。真正的"投资专家"知道如何在股价即将上涨时买进,即将下跌的时候卖出。( )

5.成功的投资必须波段操作,只有不懂股票的人,才会只买进而不知道何时卖出。( )

6.成功的投资就是寻找股市中的明日之星并频繁操作,以避开股市下跌所造成的损失。( )

7.通过仔细地研究公司的财务报表或股价走势,可以精确地找到股市黑马。( )

8.有人具有某种特殊的技巧或能力,可以准确地预测股市的走势,从而获利。( )

9.听说有人曾经精确地在股市大跌前完全卖出持股,他一定掌握了某种能够准确判断股市涨跌的方法。( )

10.这个人曾经在知名的金融公司服务过,一定具有预测金融市场或挑选名牌股票的能力。( )

上述10个问题,如果你全部都打"×",恭喜你,你距离投资成功的目的地又近了一步。

2.制定一个尽可能精确的理财目标

有些急性子的年轻人,在请教理财之道的时候,经常是在网上或者银行向理财师介绍一下自己的财务状况,然后便问对方:"我该怎样理财?"若是对方反问:"你的理财目标是什么?"这人多半一脸茫然,一头雾水,或者干脆来一句"就是钱越多越好呗"。这说明,在他的心中,根本没有一个明确的理财目的和计划。

来看看巴菲特的三大理财观念:投资原则一,绝对不能把本钱丢了;投资原则二,一定要坚守投资原则一。如果投资1美元,赔了50美分,手上只剩一半的钱。除非有百分之百的收益,才能回到起点。投资原则三,不要频频换手,有好的投资对象时再出手。

再看看索罗斯的三大投资秘诀:一、当所有的参加者都习惯某一规则的时候,游戏的规则也将发生变化。二、判断对错并不重要,重要的在于正确时获取了多大利润,错误时亏损了多少。三、当有机会获利时,千万不要畏缩不前。当你对一笔交易有把握时,给对方致命一击,即做对还不够,要尽可能多地获取。

现在你明白了制定一个尽可能精确的理财目标是非常必要和关键的,道理很简单,只有确立了理财目标,才能围绕目标制定切实可行的理财计划,并且按部就班地去实行,最终达成这个目标。如果目标不明确,我们的理财就只能跟着感觉走,而达不到任何效果。

日常生活中,我们有许多这样的愿望,例如,我想退休后过舒适的生活,我想孩子到国外去读书,我想换一所大房子等,有些人误以为这就是理财目标,其实这只是生活愿望,并非理财目标。很多人将理财目标等同于生活目标,并以此来衡量自己理财的收益水平,这无疑是不切实际的,所以很多人对理财望而生畏,认为根本就没有这么大的效用。

这是一个在观念上应该澄清的误区，一个切实可行的理财目标必须有两个具体特征：

(1)目标结果可以用货币精确计算。

(2)有实现目标的最后期限。

简单来说就是理财目标必须具有可度量性和时间性。比如，想在20年后成为百万富翁，希望5年后购置一套100万元的大房子，每月给孩子存500元学费，这些都是清晰的理财目标，具有现金度量和时间限制两个特征。

大学刚毕业的小张今年23岁，在一家科研单位工作，每个月固定收入2000元，奖金和各项补助3000元。日常支出主要是房租支出1000元，衣食支出800元，交通通讯支出400元及其他支出100元。活期存款12万元(其中有父母支持的8万元)，定期存款1万元。

由于刚刚毕业一年，小张还没有买房，现住集体宿舍，没有任何负债，风险承受能力中等。他的理财目标，属于中等偏上型的，他希望能把闲置资金做一个规划，尽快拥有一套属于自己的单元房，条件成熟时，能在无贷款的前提下购置自己的第一辆车。

理财师对小张所做的规划为：从小张所从事的职业分析，科研单位一般比较稳定，收入相对可观，但其工作性质决定了他不能在平时将过多的精力投入到理财之中，且风险承受能力中等，所以小张的投资理财策略不应过于偏激，投资工具应主要以中短期的债券、基金为主。

经过具体的分析，理财师为他提出如下的规划：由于现在各商业银行都推出了人民币理财产品，但受货币政策的影响，人民币理财产品的收益率不断下降。而具有低风险、低波动、高收益特性的债券基金则从众多的投资理财产品中脱颖而出，得到大众的青睐，小张不妨将活期存款取出3万元，购买债券基金。

至于他的买房购车规划，专家认为小张每个月有近2500元的资金结余，目前近郊的房价在5500元左右一平方米，由于一个人住，建议购买一套小户型的单元房,空间在50～60平方米比较适宜,房价控制在30万元左右。专家建议他从剩余的活期存款中取出5万～7万元,用于单元房的首付,其余款用住房公积金做房贷15年,月供约1750元左右。剩余的资金小张可以购买一些家用电器、家居等生活大件用品。专家认为买车计划目前还属于小张能力之外的目标,虽然小张有购车的打算,但是受购买能力的限制,不能和买房同步进行。如果小张再申请汽车消费贷款,也不是不可能,但是这样一来,小张每月的流动资金就非常有限了,如果遇到突发事件,就显得力不从心了。另外,银行也会从规避风险的角度考虑提出拒贷,建议小张还是把买车的事情放一放,待一切稳定之后再做考虑。

如果我们对自身的条件和环境都有了一个清楚的规划之后,就可以开始制定自己的财务目标或者想要达到的财务理想了,我们可以采取以下方式来进行:

列举所有愿望与目标

列举目标的最好方法是使用"大脑风暴",所谓大脑风暴就是把你能想到的所有愿望和目标全部写出来,包括短期目标和长期目标。列举的目标可以是个人的,也可以包括家庭所有成员。

筛选并确立基本理财目标

审查每一项愿望并将其转化为理财目标,有些愿望不太可能实现,就需筛选排除。如5年后希望达到比尔·盖茨的财富级别,这是遥不可及的,也就不是实际可行的理财目标。

排定目标实现的顺序

把筛选后的理财目标转化为一定时间内能够实现的、具体数量的资金量,并按时间长短、优先级别进行排序,确立基本理财目标。所谓基本理财目标,就是生活中比较重大、时间较长的目标,如养老、购房、买车、子女教育等。

目标分解和细化,使其具有实现的方向性

制定理财行动计划，即达到目标需要的详细计划，如每月需存入多少钱，每年需达到多少投资收益等。有些目标不可能一步实现，需要分解成若干个次级目标，设定次级目标后，你就可以知道每天努力的方向了。

仔细观察一下一般人的生活，大家在整个人生中都会想去达成的财务目标，主要有以下几点。

购置住房：指购置居住用房的计划。

购置硬件：指购置家庭一般耐用品的计划。

节财计划：指控制过度消费，旨在积累资金的节约计划。

应急基金：指为应付偶发事件而准备的预付金，包括现金、现金等价物（如容易变现的股票、债券、票据等）及银行存款的基金组合计划。

债务计划：指对个人及家庭的总体债务规模、债务成本及还债时间的计划。随着我国个人消费信贷体系的不断完善，个人及家庭债务计划的重要性也不断提高。

子女教育规划：指为到时支付子女教育费用所定的计划。

资产增值管理：指通过投资及资产管理使资产增值的计划，多适用于拥有的个人财产达到一定规模之时。

特殊目标的规划：指为达成特殊目的所做的规划，如购置汽车的计划。

养老规划：指为退休养老所做的规划。

遗产规划：指对自己的遗产所做的规划，包括合理避税。

目标确定下来之后，接下来就是一个具体规划的过程。

投资规划

投资是指投资者运用自己拥有的资本，用来购买实物资产或者金融资产，或者取得这些资产的权利，目的是在一定时期内获得资产增值和一定的收入预期。我们一般把投资分为实物投资和金融投资。实物投资一般包括对有形资产，例如土地、机器、厂房等的投资。金融投资包括对各种金融工具,例如股票、固定收益证券、金融信托、基金产品、黄金、外汇和金融衍生品等的投资。

理财专家认为,在家庭资产配置方面,目前比较流行的是理财4321定律。即家庭资产合理配置比例是,家庭收入的40%用于供房及其他方面投资,30%用于家庭生活开支,20%用于银行存款以备应急之需,10%用于保险。

居住规划

"衣食住行"是人最基本的四大需要,其中"住"是投入最大、周期最长的一项投资。房子给人一种稳定的感觉,有了自己的房子,才感觉自己在社会上真正有了一个属于自己的家。买房子是人生的一件大事,很多人辛苦一辈子就是为了拥有一套自己的房子,但是买房前首期的资金筹备与买房后贷款偿还的负担,对于家庭的现金流量及其以后的生活水平影响可以延长到十几甚至几十年,因此要仔细规划,尽量减轻住房贷款对自己的压力。

教育投资规划

2000年,当诺贝尔经济学奖得主詹姆斯·赫克曼在北大一次演讲中爆出教育投资回报率高达30%时,很多人开始领略到这项投资的魅力。早在20世纪60年代,就有经济学家把家庭对子女的培养看作是一种经济行为,即在子女成长初期,家长将财富用在其成长上,使之能够获得良好的教育,当子女成年以后,可获得的收益远大于当年家长投入的财富。

1963年,舒尔茨运用美国1929年—1957年的统计资料,计算出各级教育投资的平均收益率为173%,教育对国民经济增长的贡献率为33%。在一般情况下,受过良好教育者无论在收入或是地位上都高于没有受过良好教育的同龄人。从这个角度看,教育投资是个人财务规划中最具有回报价值的一种,它几乎没有任何负面的效应。

个人风险管理和保险规划

保险并不仅仅能保障人生意外，还是财务安全规划的主要工具之一，因为保险在所有财务工具中最具防御性。保险不仅可以积累现金价值，还可以提供偿债能力。当投保人发生风险且没有时间在未来的岁月中继续增加收入以偿债的情况下，保险是唯一可以立即创造钱财的工具，因此，保险也被形容成一种买时间的理财工具。

个人税务筹划

个人税务筹划是指纳税行为发生以前，在不违反法律、法规的前提下，通过对纳税主体的经营活动或投资行为等涉税事项做出事先安排，以达到少缴税和递延纳税目标的一系列筹划活动。

美国开国元勋本杰明·富兰克林曾经说过："只有两件事情无法避免：一是死亡，二是纳税。"虽然纳税是每一个公民的法定义务，但纳税人总是希望尽可能地减少税负支出。税收规划与投资规划、退休规划和遗产规划一样，是整个财务规划过程中的一个基本组成部分。

税务规划的首要目标就是确保通过各种可能的合法途径，来减少或延缓税负支出。

退休计划

在年轻人的眼里，养老似乎是一件很遥远的事，但是，你必须清醒地认识到，未来的养老金收入远不能满足我们的生活所需。退休后如果要维持目前的生活水平，在基本的社会保障之外，还需要自己筹备一大笔资金，而这需要我们从年轻时就要尽早开始进行个人的财务规划。中国财富管理网CEO杨晨先生指出，退休规划是贯穿一生的规划，为了使老年生活安逸富足，应该让筹备养老金的过程有计划地尽早进行。社保养老、企业年金制度以及个人自愿储蓄，是退休理财的金三角。

筹备养老金就好比攀登山峰，同样一笔养老费用，如果20岁就开始准备，好比轻装上阵，不觉得有负担，一路轻松愉快地直上顶峰；要是40岁才开始，可能就非常吃力了，很有可能会百经周折，气喘吁吁才能登上顶峰；若是到50岁才想到准备的话，那就更是非常辛苦，力不从心。同样是存养老金,差距咋这么大呢?奥妙就在于越早准备越轻松。

那么,如何过一个幸福、安全和自在的晚年呢?这就需要较早地进行退休规划,你可以选择银行存款、购买债券、基金定投、购买股票或者购买保险等投资方式来获得收益。以基金定投为例,若每月投资500元,基金每年的回报保持12%,18年之后,这份投资将能为你累积资产38万元,而如果定投一只基金,用每月投资1000元来计算18年后的收益,晚一个月投资,18年后就少赚5560元,晚两个月投资的话,就少赚上万元,因此,投资是越早越好。

遗产规划

遗产规划是将个人财产从一代人转移给另一代人,从而实现个人为其家庭所确定的目标而进行的一种合理财产安排。

遗产规划的主要目标是帮助投资者高效率地管理遗产,并将遗产顺利地转移到受益人的手中。

无论是愿意还是不愿意,一个人总不可能永远不死。怎样才能使你的财产最大限度地留给你的后人呢?当已经进入了重病期的时候,又怎样来保证后续的治疗费用呢?又有谁来为你的配偶和子女做好以后的安排呢?遗产规划正好可以帮助你,给你一生的财产规划画上一个圆满的句号。

一个完整而安全的人生应该有很好的规划,对绝大数年轻人来说,随着年龄的增长,将有越来越多的东西需要考虑,而不仅仅是自己的开销。现在还无负担的年轻一族们将担负起一个家庭的责任,而不再是"一人吃饱、全家不愁"的状态。所以,这种规划越早越好。只有合理地规划自己的将来,才不至于到将来的某一刻发出"钱到用时方恨少"的感叹。

相关链接：

家庭理财之"三Q"

专家指出，夫妻理财如果要"顺风顺水"，就必须重视提高三Q，即IQ（智商）、EQ（情商）、AQ（挫折商）。

投资IQ：提高理财的智商

三Q中首重"IQ"。一般来说，在投资理财方面，IQ的高低几乎与理财的盈亏成正比。若夫妻对理财知识有充分的了解与钻研，再加上有投资顾问的建议，就不会轻易陷入理财的盲点。而且，在面对市场上那些琳琅满目的金融商品时，也不容易掉进陷阱里。

但投资IQ对众多夫妻而言，如今依然是一个较新的概念，不少夫妻对其仍是一知半解，以致在理财时往往"事倍功半"。对此，理财专家向夫妻们提出了能提高投资IQ的两项建议：

学习理财知识

美国麻省理工学院经济学家莱斯特·梭罗说："懂得运用知识的人最富有。"因此，不论夫妻理财是否交给专家，都建议你要懂得足够多的理财知识，因为这些专业知识能使你避开一些理财陷阱，以免自己辛苦挣来的钱化为泡沫。

其实学习理财知识一点都不难，只要你注重培养这方面的兴趣，多浏览相关的理财讯息，多接触理财团体并大胆地和他们探讨理财的相关问题，时间一长，你自然就会获益多多。

不妨引入会计原理

如何反映家庭资产现状和家政管理的业绩？最好的办法莫过于在资产统计的基础上，编制《家庭资产负债表》。该表可繁可简，但大致应由三个部分组成：资产、负债、资产净值。

为便于比较，资产负债表应每年编一次，编表口径要保持一致。另外,编制前要做一些准备工作,如核对账目,财产计价,盘点存单、证书等。通过编制资产负债表,可以让你摸清家底,对现有资产及负债结构状况一目了然。

投资EQ:加强情绪管理能力

众所周知,拥有IQ无法保证富贵一辈子,尤其是夫妻俩如果每天都为钱而争吵不休,那样势必会损害夫妻感情,因此第二个Q就是"EQ",也可说成是情绪管理能力。实际上,有许多夫妻都是因为理财EQ不够高而磕磕碰碰的。其实,千金难买早知道,放马后炮反而会导致夫妻感情破裂。所以,为了加强投资EQ,夫妻们有必要注意以下两个方面:

自我控制

大家都知道,在投资场上失败是在所难免的。夫妻本是同林鸟,无论夫妻哪一方在投资上遇险,彼此都要有足够的自我控制能力,尤其是在控制情绪方面,越是遇上这样的事情就越要控制好。当然,妻子通常应被疼爱多一点。事实证明,提高投资EQ是减少争执、促进夫妻感情的重要方法。

加强沟通

其实,夫妻之间的沟通非常重要。既然双方共同组建了一个小家庭,一起承担家庭的理财事务,那么沟通当然是非常必要的。只有让彼此知道问题的症结所在,才能寻求正确的解决方法。不管怎样,不要让金钱伤害彼此间的感情,否则,就得不偿失了。

投资AQ:应付挫折的能力

投资的最后一项技能是"AQ",即应付挫折的能力。不管是干事业还是夫妻投资理财,都难免会遇上起伏。此时,除了投资IQ、EQ之外,如果能充实自己的专业知识并提高投资AQ,那么就能为夫妻理财打下良好的基础。

从事理性投资

简言之,"理性的投资"就是"投资人了解所欲投资标的的内涵与其合理报酬后所进行的投资行为"。之所以要强调理性投资,是因为若投资不当则很可能会导致严重的后果。所以理性而又正确的投资,不但可将"收入"大于"支出"的差距扩大,还能使你的财务真正独立。

定期检视成果

不论做任何事,学管理的人都很讲究整个事件过程的控制,因为经由这些控制,才可确定事情的发展是不是朝着既定的目标前进。

每个家庭的经济状况不同,理财的方法也会有所不同。但是有一点是相同的,成家后,理财就成为了夫妻双方间的共同责任。只有夫妻共同努力,才能把家庭的收入和支出进行合理的计划安排和使用,把有限的财富最大限度的合理消费、最大限度的保值增值,从而不断提高生活品质和规避风险以保障自己和家庭经济生活的安全和稳定。

3.有闲钱立刻投资,重点是"资产配置"

很多人手边都会有些闲钱,这些钱可能来自每个月薪水的结余或是额外的奖金等,当有了闲钱,自然就会想该如何善用这些钱。

放在银行定存吗?可是现在存款利息实在太低了。

投资在股票呢?看到报纸上各种复杂的消息,让人实在不知道该怎么办。

相信这是许多人共同的烦恼,希望能够等到最佳的时机投资股票。

如果你对此也感到苦恼的话,看一看下面的案例分析吧。

当我们手边正好有一些闲钱想投资的时候,我们的反应不外乎:

一、等待最低的时机进场投资

二、不管现在行情如何,立即投资

三、定期定额

到底哪一种方式比较好呢?

我们现在就来假设有5个投资人,每个投资人每年年底都有一笔7万元的闲钱可以投资。这5个投资人的投资行为各不相同,假设投资的标准是美国标准普尔500指数,投资期间从1979年到1998年一共20年,我们看看结果有何不同。

●投资人甲:幸运的家伙

我们称他为幸运的家伙,因为他展现了不可思议的技巧或运气,总是能在每年最低点的时机进场投资标准普尔500指数,而在等待期间,他将钱放在银行存款赚取一些利息。

例如1979年年初,他得到第一笔7万元资金,并在2月进场投资,因为当年标准普尔500指数的最低点是2月;同样地,1979年年底,他又拿到第二笔7万元资金,等到1980年3月才进场投资,因为当年的最低点是3月。就这样,他总是能够在每年最低点的月份进场投资,一直到1998年都是如此,这个家伙真是令人羡慕啊!

●投资人乙:积极的投资人

我们称他为积极的投资人,是因为投资人乙没有时间做股票的研究,但是又希望能够享受长期投资股票带来的报酬,因此他采取一个非常简单的投资方式,那就是有闲钱就立刻投资,不去猜测当时是否为低点。因此,当每年年底他有7万元资金的时候,就立刻投资在标准普尔500指数上。

●投资人丙:倒霉的家伙

如同投资人甲一样,投资人丙也是花了许多时间研究股市的动向,希望能够找到股市的低点。但是与投资人甲不同的是,丙投资人的技巧和运气就是很差,每年都是在股市最高点时(也就是最差的时点)进场投资。例如丙投资人在1979年年初拿到第一笔的7万元资金,结果却等到当年的12月才进场投资,而当年的最高点就是发生在12月。唉!真是个可怜的家伙……我们自己好像也曾经做过类似的事情,不是吗?

●投资人丁:犹豫不决的人

虽然投资人丁也是每天花许多时间研究股票,甚至到处听投资专家的演讲或说明会,但是过多的资讯反而让他更加无所适从,每次想投资时却又会想,一定可以等到更低的时机再进场。结果20年下来,他的资金都是放在银行存款上面。

●投资人戊:自律严谨的人

因为投资人戊是一个生活有规律且忙碌的人,平时没有太多时间去研究投资方面的事情,因此他采用最简单的方式,就是定期定额投资。他将7万元资金分成12等份,每个月投资一个等份的资金,还没有投资的资金就放在银行存款,一直持续20年。

以上5个投资人都有各自不同的投资风格,到底最后谁的投资报酬率比较好?谁是真正幸运的家伙呢?我们现在就来看一看。

这5个投资人在20年后所能够累积的资金,谁的投资绩效最好呢?没错,就是那个幸运的家伙。因为他总是能够在最佳的时机进场投资,因此他一定能够累积最多的资金,他一共累积了将近1300万元的资金,投资绩效最好,但这样幸运的家伙实在是太少见了。

接下来我们要特别注意的是乙投资人(积极的投资人),虽然他累积的金额并不如那个幸运的家伙,但他也累积到1200多万元,只相差了70多万元而已。而这位积极的投资人不需要特别花时间去研究股票,也不需要具有任何预测股票走势的能力,他所采用的不过是最简单的投资方式——有闲钱立即投资。

谁的投资绩效又是最差的呢?是那个倒霉的家伙吗?很多人都会抱怨说,一投资股票就亏损,我天生就是没有投资的运。就和这个倒霉的家伙一样,绩效最差的应该是他了吧?

但结果很令人惊讶,就算有人真的倒霉到每年都在最高点进场投资,但是结果却没有想象中那么差。丙投资人(倒霉的家伙)一共累积了将近1100万元,与成绩最好的人不过差了200万元而已,而且他还不是绩效最差的。

绩效最差的其实是投资人丁(犹豫不决的人),而且差距之大实在夸张!犹豫不决的结果,是20年来都将资金放在存款中,得到的资金一共只有277万元,只有那个倒霉的家伙的1/4!而投资人戊(自律严谨的人)表现也很好, 他的投资方式也不需要花任何时间研究股票或猜测股价的变动,唯一需要做的,就是每个月自觉投资,最终的投资报酬率,仅次于投资人甲与乙,而且差距很小,累积了将近1200万元。

这样的答案,让你很意外吧!美国知名投资家查尔斯·埃利斯在1985年出版的《投资方针》中就提到:"资产配置,是投资人所能做的最重要投资决策。"

如果你相信,投资组合报酬率最重要的因素是资产配置,那么当你想要追求较高的投资报酬时, 就应该将大部分的时间精力放在最重要的因素上——你的焦点要集中在资金的分配上, 而不是研究哪家股票可以买,何时应该买等问题。

第一,你永远不会事先知道,哪个市场的表现最好。

我们都知道,不同的金融资产在不同时期的表现都会不一样,这主要是由景气循环造成的。有的金融资产,如债券,会在利率下跌的时候表现好,而股票通常是在景气复苏与繁荣阶段表现最好。不同的国家也会因为景气循环的不同,即使同样是股票资产,也会有不同的表现。虽然有很多专家花了很多时间,每天研究景气循环,希望能够找出未来表现最好的金融资产,但很少有人能正确预估未来的明星资产。

没有人有能力预期下一个阶段的赢家在哪里,因此,最好的方法是将资金分配到各个资产上,充分运用分散投资的好处。

第二,分散投资有很多好处。

我们可以举一个简单的例子来说明如何通过分散投资来降低风险。

　　美国有全球规模最大的股票市场，美国标准普尔500指数是由美国500家各种产业的大型上市公司所组成的指数,投资该指数就等于投资美国500家最大型的上市公司,比自己去购买个股更能达到分散风险的效果。假设1970年开始投资美国标准普尔500指数,到了2007年,平均每年可以有11.1%的投资报酬率,同时在这37年一共148个季度中,有46个季度会有负的投资报酬率。

　　除了投资美国的500家大型上市公司之外，我们还可以进一步分散投资。如果我们在投资组合中加入全球第二大股票市场——日本的股票,结果会如何呢?

　　同样从1970年到2007年,如果投资日本股市,则投资人会有平均每年10.7%的投资报酬率,同时这段期间内会有60个季度产生负的投资报酬率。但如果我们将资金的60%投资在美国标准普尔500指数,另外40%投资在日本股市,则这个投资组合在这段时期内的平均年投资报酬率为11.6%,高于单独投资美国或日本股市的报酬率,同时只有42个季度会产生负的投资报酬率,也低于单独投资美国或日本股市的负报酬率季度。

　　很神奇吧!简单的投资组合就能够创造更好的结果。在这37年中,即使全球金融市场也发生了几次重大事件,例如1987年美国的黑色10月,道琼工业指数一天大跌500多点;1990年伊拉克攻打科威特,造成石油价格暴涨;2000年全球高科技市场的泡沫破灭……虽然这类重大事件层出不穷,但是这个投资组合的表现还是令人满意,这就是分散投资的好处。

　　一个好的投资组合,并不只是创造高的投资报酬率,还要考虑到投资报酬率的平稳性,因为多数人投资失败的主因,就是无法承受投资报酬率的大幅变动。

　　看了上述的说明，相信你就会很清楚地认识到资产配置的重要性了。

如今,帮助人们分配资产的商品越来越多,投资资产配置型的投资组合变得越来越容易了。许多基金公司都推出了各种风险组合的基金产品,如保守型、平衡型、积极型等。例如平衡型基金,就是将投资的资金分配在股票与债券的资产上,对于风险承受能力差的人来说,这是相当好的选择。

相关链接:

借巴菲特的投资思路

美国的一份调查报告表明,在过去30年中,投资者哪怕在巴菲特致证交所的文件披露其所持有的股票后(一般为买进4个月后)才跟着买进相同的股票,也能获得24.6%的年回报率,是同期标普500指数回报率的2倍!借着巴老买股票的威力由此可见一斑。

虽然巴老远在大洋彼岸,但其实好几年前国内就已经有先知先觉的投资者开始借起了巴菲特这棵参天大树。

作为如今在国内已小有名气的"巴菲特俱乐部"的第一批会员,郑先生在10年前就开始了对巴菲特投资理念的研究,可以说是国内最早借着巴老做投资的人。

远在大洋彼岸的巴菲特,他的投资理念所形成的土壤和今天的中国市场大相径庭,借着巴菲特投资在中国是否真能行得通?

郑先生这样回答道:"这个世界很丰富,具体表现出来的形式是千姿百态的,但解释这个世界的方法却是可以通用的。投资其实也一样,美国的证券市场和中国的差别很大,我们国内的投资者也不可能跑去美国买巴菲特长期持有的股票,但投资理念却是相同的,这是哲学,是投资领域的普遍真理,并不会因为环境的改变而改变。"

四个阶段学习巴菲特

回想起自己学习巴菲特的历程,郑先生将之总结为四个阶段:

第一阶段,初识巴菲特。

大约是在1998年的时候,27岁的郑先生开始进入股市,如饥似渴的他在那时把大量的时间用于研读各种讲授炒股知识的书籍。一开始也学了不少技术分析知识,但一次偶然的机会他读到的一本名叫《巴菲特致股东的信:股份公司教程》的书引起了他的兴趣,并从此将他引入了价值投资的大门。然而初入股市的他却并没有吃透巴菲特的理念,往往会用错不少,甚至乱用、瞎用。

第二阶段,"突破"巴菲特。

经过一段时间的学习与实践后,郑先生对巴菲特的态度开始从盲目崇拜转向了质疑:当1999年的519行情引爆了沪深股市有史以来最大一轮牛市后,买啥涨啥让郑先生逐渐迷失了自我,有时甚至在心中质疑:巴菲特的那套选股模式是不是在中国真的失灵了?于是,那两年的牛市中,飘飘然的郑先生觉得自己已经超越了巴菲特。

第三阶段,回归巴菲特。

2001年下半年,2000点的泡沫终于破灭了,郑先生也同样损失惨重。痛定思痛,他终于明白了自己是个普通人,不是天才,于是郑先生又重新回到了老老实实借着巴菲特的老路上。漫漫熊市征途为郑先生检验巴菲特投资理念提供了极好的试验室,并让他逐渐坚定了价值投资的信念。

第四阶段,固守巴菲特。

2005年至今,沪深股市又经历了一轮熊—牛—熊的嬗变过程,正是在这轮大牛市中,坚定地借着巴菲特的郑先生终于获得了不菲的回报,同样因为认准了巴菲特的投资理念,使他在2007年年中就早早清盘,最终帮助他成功地躲过了2008以来的股灾。

照郑先生的话说,借巴菲特并不是人人都借得起,要真正借上去就要向市场交出不菲的学费。"如果一个人在市场上没有输过钱,他会自觉走上价值投资这条路吗?我觉得不太可能。人都是在失败中成长,我也是从看K线听股评这一路走过来的,但最终感觉还是巴菲特的这套理念最靠谱。"

郑先生认为,巴菲特在投资上最成功的一点就是他的定力,好多人也知道应该怎么赚钱,但他们就是觉得那个太慢,总想投机一下赚一大把,之后再来做价值投资。

"然而合适的价位总会在未来的某个时间出现,其中的问题是:一是你是不是相信这句话;二是你有没有这个耐心。2002—2005年那段时间的A股市场就是在等机会,如果没有真正吃透巴菲特的投资理念,这个等待就会很痛苦,要理解了才会有耐心,比匆匆忙忙操作套在里面好很多。"

掌握真谛而不迷信

用巴菲特自己的话说,他的投资思想核心理念只有三条:

一是你必须把股票看作是一份企业。

二是把市场的波动看作是你的朋友而不是你的敌人,从市场的愚蠢中获利,而不是参与其中。

三是投资中最重要的是看安全边际。

巴菲特并没有说价值投资就一定要长期持有。郑先生进一步解释:"如果你是以'一份企业'的角度来看待股票的话,你就不需要太过关注股价的短期波动,而是应更多地关注企业的长期经营预期。如果股价没有能够达到预期的内在价值,你就应该继续持有甚至增持。但这并不是说你非要长期持有股票,或者说你长期持有股票就一定能赚钱。事实上,如果依据巴菲特三个观念中的第二、第三条的话,当股价明显高于其内在价值、当股价不具备充分的安全边际时,你就应该抛掉股票,而不是继续持有。很不幸的是,中国的股票,无论绩优股还是垃圾股,都特别容易被炒得没有安全边际。"

延伸阅读:
斯坦福大学校长谈成为世界硅谷的充要条件

约翰·亨尼斯从学校毕业到担任斯坦福校长之间曾三次出入硅谷成为"完全的企业人"。起先,亨尼斯自己开了两家公司,后来开始帮助一些小公司筹集资金。

"那是我最好、也是最累的阶段,但也很兴奋,如何成立新公司?召集人力、开发新产品,一切都很快乐。"

当然,亨尼斯最终又选择了回到学校。"这是因为我太想念我的学生们了。"虽然如此打趣,但对于亨尼斯来说,斯坦福和硅谷都如此重要,而后两者之间的关系也意蕴悠远。斯坦福成就了硅谷,硅谷也给斯坦福带来了更多的科研资金。

思科公司,最早在斯坦福诞生;雅虎也是由斯坦福的两名研究生杨致远和他的伙伴在实验室"弄出来的";谷歌从一个小公司迅速发展起来,更让亨尼斯大受震动。亨尼斯说,谷歌来源于当时研究室的一个项目——"数字图书馆该如何搜索",了解交叉搜索的来源,根据重要性、权威性、网络结构及个人创造的连接。

"当我看到谷歌时的心情,跟初见雅虎的时候一样,终生难忘。"亨尼斯说,其实,谷歌的核心技术就是一种数值分析中子算式,这是一种基础学科。因此,亨尼斯深受启发,没有与数学这一基础学科的合作,就无法找到这一算式。

"基础学科不容忽视,表面上,技术转化来源于应用学科,而应用学科都是依靠与基础学科的合作才能实现。"所以,亨尼斯回到学校后,也更加重视基础学科的建设。在斯坦福设置的计算机科学系里,理论计算机科学和应用计算机科学不是分开的,两者相辅相成。

亨尼斯进一步补充说道,从学校实验室进入企业,当想法改变再回到实验室后,还可将企业的经验继续运用于科研,而这些经验是一直待在学校里所不能获取的。

亨尼斯介绍,一批新兴公司在硅谷出现,斯坦福为他们提供技术,也提供管理人才的团队;同时,硅谷的成功,吸引了全世界最多最好的风投公司。"在斯坦福大学2英里以内,你可以找到任何风险公司为你服务。"亨尼斯笑着说,这就是科研成果能够帮助大学"富足",能够帮助教授成为"两栖人"。

斯坦福最为人所称道的、最成功的是"科研成果转化"。亨尼斯说,关于这一点,他最有必要给学生上的第一课,是让他们明白,技术转让的核心是人才,而不仅仅是技术。斯坦福转化技术的成功,依靠的就是人才的转让。

我每晚都能安眠，因为我知道我是有野心的，却是诚实的；我很固执己见，却是小心谨慎；我很严厉，但我也是公平的。回报别人不仅是我们的责任，也是我们的特权和荣幸。

——摘自斯坦福大学的富豪名言

第六章

富人先富心，保持健康的心态

大多数人失败并非由于才智平庸，也不是因为时运不济，而是由于在事业长跑中没有保持一种健康的心态，使得自己最终无法触碰到成功的终点线。

与其说他们是在与别人的竞争中失利，不如说他们输给了自己不成熟的处世心态。

论处世心态，不外乎一是做人，二是办事。这两者相辅相成，却又灵活多变。

宽 容 心

斯坦福大学的学者曾说过:"人生的每一次付出,就像在空谷当中的喊话,你没有必要期望要谁听到,但那绵长悠远的回音,就是生活对你的最好回报。"

1.没有永远的受益,也没有永远的"吃亏"

广场的长椅上坐着两位年轻的母亲,正幸福地在谈论着各自的孩子,一个说:"我那宝贝特聪明,在哪儿都不吃亏,我一旦买回他不喜欢吃的零食,他总要带到幼儿园去,与其他的小朋友交换些他喜欢吃的零食,吃不完就藏在书包里,回家后还向我们炫耀。"

另一个说:"我家那宝宝也是,以前在幼儿园常被小朋友欺负,每天都哭着回家,但他吃过亏之后,每天都在他爸爸身上操练,现在在幼儿园,可只有他欺负别人的份儿。"

有一个老太太在她们旁边的垃圾桶里"淘宝",听到她俩的谈话后插话说:"我那俩儿子小时候跟你们的小孩儿很相像。"两位妈妈一脸的唐突,但听到老太太在讲儿子的话题,便饶有兴致地问:"那现在你的儿子怎么样了,为何你现在要靠捡垃圾为生?"

老太太叹道:"就是因为他们俩太聪明,小儿子不愿吃亏,打了人后坐牢去了。大儿子不愿吃亏,他家里有钱,可就是一个子儿也不给我。"

　　吃什么都成，就是不能吃亏。在如今这个重视利益的时代，"我绝不能吃一点亏"成了许多人坚信的理念。于情于理，于公于私，追求个人利益的最大化都无可厚非。

　　但是，绞尽脑汁地多占便宜、避免吃亏，就能找到幸福走向成功吗？恐怕不一定。

　　公孙修是鲁国的宰相，天生喜欢吃鱼。鲁国人知道了都争先恐后送鱼给他，可是他一概拒收。他弟弟就问："哥哥，你不是喜欢吃鱼吗？为什么不接受呢？"公孙修回答："正因为我很喜欢吃鱼才不接受。一旦收了某一个人的鱼，那就会感到亏欠于他，如此一来很可能会因此枉法，一旦枉法便会失去宰相的职位，到了那种地步，就算我再喜欢吃鱼也没有人会送了，就连我自己也无力购买！只要我不接受此物也就不会违法，更不会被免职，爱吃鱼时，随时都可以去买。"

　　这话，公孙修讲得很实在，他是说，与其仰赖他人给予的好处，不如通过自己的努力去争取。受人恩惠同时也要受人约束，既然如此，还不如抛弃眼前这一点点小利，吃这一点点"亏"而求长久的安逸。

　　一个古代宰相能有此种认识，是极其明智并富有远见卓识的。这其中看似有些拙愚，却也着实透着几分真正的洒脱，正所谓"吃人嘴短，拿人手软"。能吃亏是做人的一种境界，会吃亏是处世的一种睿智。

　　在清末民初时期，北京城有个有名的绸缎店，突然一场大火把所有的东西都烧掉了，其中包括来往的账目。店老板贴出一张告示说，因本店的账目已烧毁，凡欠我的钱可以不还，我欠别人的只要有凭据照样兑现。这样处理，绸缎店明显是吃了大亏，然而这个绸缎店却因这事而名声大震，许多人都慕名而来与他做生意，其中还包括一些外国人。很快这个绸缎店又恢复了生机，生意比失火前还要好得多。

　　老子说，福兮祸之所伏，祸兮福之所倚。就是说事物的发展能产生两个极端的转化，世上的任何事情都是有失有得。这个绸缎店失火后的举措如同做了一个广告，在经济上暂时吃了亏，却赢得了人们的信任，结果东山再起。

真正有智慧的人，不在乎"装傻充愣"的表面性吃亏，而更看重实质性的"福利"。

刘项楚汉之争的初期，刘邦兵疲马弱，屡战屡败，与项羽的正面交锋无一不吃亏，却总能在一次次吃亏后重振旗鼓，笼络民心，只图一击制敌。而楚霸王占尽上风，却被一次次小便宜冲昏了头脑，愈发骄狂，破城必屠，逐渐众叛亲离。果然，垓下一败，这位常胜将军无力回天，只得自刎了事。得天下的，竟是那个处处吃亏的刘邦。

吃亏是一种投资，刘邦就深谙这个道理。一时的失败算得了什么？那些只不过是为最后的胜利做的铺垫罢了。俗话说，放长线钓大鱼。志向远大的人，断不会为蝇头小利争破头皮，也不会因为吃了些小亏而耿耿于怀。人与人相处，如果一个人从来不吃亏，只知道占便宜，到最后，他很可能成为一个吃大亏的人。

选择吃亏，虽然意味着"舍弃"与"牺牲"，但那毕竟只是一时的，并且也不失为一种胸怀，一种品质，一种风度。况且，"吃亏是福"，"亏"是我们走向未来成功的助力剂。

在人生的历程中，吃亏和受益是一种互相存在、互为因果的东西。一个人不能事事只想着受益，有些事情当时即使真的受益了，最终导致的结果仍有可能是吃亏；我们更不能时时怕吃亏，有些事情当时可能是吃亏了，但事后仍有可能会出现一个受益的结果。无论哪一个人，无论哪一件事，没有永远的受益，也没有永远的吃亏。

"吃亏"有两种，一种是主动吃亏，一种是被动吃亏。

"被动吃亏"是指在未被告知的情形下，突然被分派了一个并不十分愿意做的工作，或是工作量突然增加。碰到这种情形，如果发现没有抗拒的余地，那更应该"愉快"地接受下来。也许你不太情愿，但形势如此，也只好用"吃亏就是占便宜"来自我宽慰，要不然还能怎么办呢？至于有没有"便宜"可占，那是很难说的，因为那些"亏"有可能是对你的试验，考验你的心志和能力。姑且不论是否"重用"，在"吃亏"的状态下，磨炼出了耐性，这对日后做事肯定是有帮助的。此外，"吃亏"也会让人无话可说。

"主动吃亏"指的是主动去争取"吃亏"的机会，这种机会是指没有人愿意做的事、困难的事、报酬少的事。这种事因为无便宜可占，因此大部分人不是拒绝就是不情愿。主动争取，这是对人际关系的帮助。最重要的是，什么事都做，可以磨炼人做事的能力和耐力，不但懂得比别人多，也可以进步得比别人快，这是无形资产，绝不是用钱可以买得到的。

主动吃亏是风度。"吃亏"也许是指物质上的损失，但是一个人的幸福与否，往往取决于他的心境如何。如果我们用外在的东西，换来了心灵上的平和，那无疑是获得了人生的幸福，这便是值得的。

生活中总有一些聪明的人，能从吃亏中学到智慧。"主动吃亏"也是一种哲学的思路，其前提有两个：一个是"知足"，另一个就是"安分"。"知足"则会对一切都感到满意，对所得到的一切，内心充满感激之情；"安分"则使人从来不奢望那些根本就不可能得到的或者根本就不存在的东西。所以，表现上看来"吃亏是福"以及"知足"、"安分"会给人以不思进取之嫌，实际上，这些思想也是在教导人们能成为对自己有清醒认识的人。

"主动吃亏"，这一点你可一定要牢记，因为这是积累工作经验，提高做事能力，扩张人际网络最好的方法。成功需要有一定的智慧，而"主动吃亏"就是智慧的表现。

美国亨利食品加工工业公司的总经理亨利·霍金斯先生有一次突然从化验室的报告单上发现，他们生产食品的配方中，起保鲜作用的添加剂有毒，虽然毒性不大，但长期服用对身体有害。如果不用添加剂，则又会影响食品的鲜度。

亨利·霍金斯考虑了一下，他认为应以诚对待顾客，于是他毅然把这一有损销量的事情告诉了每位顾客,随之又向社会宣布,防腐剂有毒,对身体有害。

做出这样的举措之后,他自己承受了很大的压力——食品销路锐减不说,所有从事食品加工的老板都联合起来,用一切手段向他反扑,指责他别有用心,打击别人,抬高自己,他们一起抵制亨利公司的产品,亨利公司一下子跌到了濒临倒闭的边缘。苦苦挣扎了4年之后,亨利的食品加工公司已经倾家荡产,但他的名声却家喻户晓。

这时候,政府站出来支持霍金斯,亨利公司的产品又成了人们放心满意的热门货。亨利公司在很短时间内便恢复了元气,规模扩大了两倍,亨利食品加工公司一举成了美国食品加工业的"龙头公司"。

吃亏有如此之多的好处,但在现实生活中,能够主动吃亏的人实在太少。这并不仅仅因为人性的弱点——人们很难拒绝摆在面前本来就该你拿的那一份;也不仅仅因为大多数人缺乏高瞻远瞩的战略眼光,不能舍眼前小利而争取长远大利。

不少好朋友,抑或事业上的合作伙伴,由于种种原因,后来反目成仇了,双方都搞得很不开心,甚至是大打出手。有个人却不一样,他与朋友合伙做生意,几年后一笔生意让他们将所赚的钱又赔了进去,剩下的是一些值不了多少钱的设备。他对朋友说,全归你吧,你想怎么处理就怎么处理。留下这句话后,他就与朋友散伙了,显得多有风度啊,没有相互埋怨,这叫"好聚好散"。生意没了,人情却可以赚"一大把"。日后的合作,也会自然而然,顺理成章。

任何时候,人与人之间的"人情"不能践踏。主动吃亏,山不转水转,水不转路还转呢,也许以后还有合作的机会,又走到一起。若一个人处处不肯吃亏,处处必想占便宜,就会妄想日生,骄心日盛。而一个人一旦有了骄狂的心态,难免会侵害别人的利益,于是便起纷争,在四面楚歌之中,又焉有不败之理?

当然,能不能主动吃亏,也和实力有关,因为吃亏以后利润毕竟少了，而开支依然存在，就很可能出现亏空。如果你所吃的亏能够很快获得报答，那还挺得住；反之，吃亏就等于放血，对体弱多病的人来说，可能致命。

在这里有一个我们要学习的典范，就是香港富商李嘉诚，李嘉诚曾经对他的儿子李泽楷说：和别人合作，假如你拿七分合理，八分也可以，那么拿六分就够了。

李嘉诚就是告诫儿子，他的主动吃亏可以让更多的人愿意和他合作。

你想想看，虽然他只拿了六分，但是多了100个合作人，他现在能拿多少个六分？假如拿八分的话，100个人会变成5个人，结果是亏是赚可想而知。

李嘉诚一生与很多人有过长期或短期的合作，分手的时候，他总愿意自己少分一点，如果生意做得不理想，他什么也不要了，甘愿自己吃亏。

这种风度是种气量，也正是这种风度和气量，才使人乐于和他合作，他也就越做越大，所以李嘉诚的成功得力于他恰到好处的处世交友经验。

吃不吃一堑，都要长一智

传统的中国思想一直奉行的是——吃亏是福。中国的哲学家曾经总结出了一套几千年来被中华民族传承的人生观念，其中包括愚昧者的智慧、柔弱者的力量等等。这些看起来像是消极的哲学，但仔细分析和回味就会发现，其实它比现下大多数所谓的聪明哲学要高明得多。

那么，"吃亏"究竟"福"在哪里呢？

"福"就"福"在人们在一次次"吃亏"中得到了宝贵的教训。人应该从吃亏中吸取经验以及智慧，要不断地从中获取力量，这便是"吃一堑，长一智"——受一次挫折，长一分见识。

进步的过程就是战胜困难的过程、解决问题的过程，人们常说的从胜利走向胜利,也就是从遇到一个困难到战胜一个困难的过程。

人生中有很多事情都有着无奈的结局,人们一般在别人或自己失败后这样说,起到安慰的作用,而实际上,聪明的人也会在失败中成长,从失败中学习。

第一,不要美化不该美化的"吃亏"。

有些时候,美化挫折甚至是对自己的某种开脱与逃避,明明吃的是"堑",并且不停地吃,却忘记了长智,如果不能认真吸取教训,再多的"堑",恐怕也是白吃。

一个人看不清自己,为了不切实际的想法去破釜沉舟,也许这种精神让人感动,让人赞叹,但同时也让人觉得你是"不长记性",这样的吃"堑"就好像竹篮子打水———一场空。

对待事要"吃一堑,长一智",对待人也应该是一样的。如果你曾经对一个人说过对方不爱听的话或是做过不地道的事情,那么,在日后你再次面对这个人的时候,让对方觉得不舒服的话就不要说,让人家反感的事就不要再做,这也是一种"吃一堑,长一智"。记住某些人的喜与恶绝对会对自己有好处,可以让自己免遭冷落。当我们吃"堑"的时候,是一定要长记性的!

第二,学会以吃亏来交友,以吃亏来得利。

想让对方办事,就更要让对方欠你个人情,而自己吃亏就是一个好办法。不管是大亏,还是小亏,只要对搞好朋友关系有帮助的,你都要尽可能地吃下去,不能皱眉。尤其是大亏,有时可能是"一本万利"的事情。

以吃亏来交友,以吃亏来得利,是一种比较高明和有远见的办事技巧。谁能说暂时的吃亏不是以退为进的步伐调整,不是"退一步进两步"的战略胸怀?

俗话说:"闲时多烧香,急时有人帮。"即使与他人相比实在吃亏了,也不必埋怨生活的不公。我们应当坚信的是,地球是圆的,这儿丢了的,会在那儿找回来。

新华都实业集团现任总裁唐骏在卡拉OK盛行的时候,研发了一个专门用于卡拉OK设备上的打分机,演唱者唱完一首歌后,打分机会自动打出分数,这一设备增加了卖点。三星公司以8万元的价格买断唐骏该项专利后,其卡拉OK设备在整个市场所占的份额一下子从百分之十几提高到百分之三十多。三星的竞争对手日本先锋公司向三星购买专利使用权,花了150万元。三星依靠该项专利成为大赢家,很多朋友都觉得唐骏特别"亏"。

无独有偶,国内软件行业的旗帜型人才求伯君做的第一桩买卖则更亏,他编写的西山打印驱动程序以2000元的价格卖给了四通公司后,四通公司将该程序以500元一套的价格卖了好几百套。

然而,当这两位IT行业的风云人物,在谈到早年的吃亏经历时,却没有一丝遗憾,相反,都对当年的吃亏心怀感激。唐骏说,应该感谢三星公司,如果没有三星来买这项专利,就没有我创业之初的8万元启动资金,也许后来的事业就不会像现在这么顺利。同样,唐骏也认为,这件事也教会他如何将专利变成商品,使他从一个学者型的人变成一个事业型的人。

求伯君则认为,四通也没有亏待他,录用他做了一段时间的专职软件技术员,从而为他后来步入金山公司、开发WPS软件奠定了基础。更重要的是,这次买卖让他明白了经营在软件行业中的重要性。以后,他把金山公司总裁的位置让给了有经营头脑的雷军,自己专心搞软件开发,金山公司迅速腾飞,而求伯君也因此成为IT行业的巨富。

做生意如此,交朋友也是如此。

你不需要去和他们做不公平的交易,但你给予别人的要比自己从人家身上得到的多才对。

如果都想着占别人的便宜,也许你会得逞一两次,可是,时间久了,谁还会相信你?相反,你现在的吃亏会成为你获得长久利益的奠基石。

第三,吃亏也必须讲究方式和技巧。

亏,不能乱吃,有的人为了息事宁人,去吃亏,吃暗亏,结果只是"哑巴吃黄连,有苦难言"。孙权就这样,为了得回荆州,假意让自己的妹妹嫁给刘备,结果在诸葛亮的巧妙安排下,孙权不仅赔了妹妹,又折了兵,荆州还是在人家手中。这个"亏"未免"吃"得太不值得。

亏,要吃在明处,至少,你该让对方意识到。因为吃亏你成了施者,朋友则成了受者。看上去,是你吃了亏,他得了益,然而,朋友却欠了你一个人情,在友谊、情感的天平上,你已加了一个筹码,这是比金钱、比财富更值得你珍视的东西。吃亏,会让你在朋友眼里变得豁达、宽厚,让你获得更深的友情。这当然会使朋友更心甘情愿帮助你,为你办事。

2.你能帮助别人获得他需要的,那么你也因此得到你想要的

请问:如果没有回报,你还愿意帮助别人吗?

对于助人这件事,正确的理解应该是:"这是我应该做的事。"想要成功,真正的秘密在于:成为别人的需要,否则很难成功。

从做人上说,要记得,"助人"这件事,并不是付出、服务或吃亏,而是每分每秒,成为别人的需要。

从处世上说,如果我们能有意识地借鉴和运用各种有益的助人智慧,那么,就会得到"事半功倍"的效果。

你锦上添花,我雪中送炭

人的一生不可能总是一帆风顺,难免会碰到失利受挫的情况,这时可能就需要别人的帮助。"雪中送炭"与"锦上添花"是两种不同的助人意识,雪中送炭更能体现出一个人的高尚品德,更容易让人感动,让对

方铭记在心。也正因为这份感动与记忆，有时雪中送炭会让你得到意想不到的收获。

名动天下的商业领袖、一代官商胡雪岩的发达可以说就是"雪中送炭"种下的善果。

胡雪岩出身贫寒，出道伊始，他只是信和钱庄的一名学徒。一年中秋，他奉老板之命去讨要欠款，结果拿到了500两原以为是死账的银子。就在胡雪岩在茶楼里休息片刻的时候，他结交了文人王有龄。王有龄是一位有才干、有志向的人，他想出人头地，但苦于没有银子做"敲门砖"。尽管他们相识时间不长，彼此还没有深交，但是当胡雪岩了解到王有龄并非没有门路，而是没有钱时，竟主动将收到的500两债银拿出来，送给了王有龄。胡雪岩说："我愿倾家荡产，助你一臂之力。"他的义举让王有龄感激涕零，他信誓旦旦地说："我若是富贵了，绝不会忘记胡兄！"

其实，那500两银子是属于信和钱庄的，只不过暂时在胡雪岩这里保管而已。但是无论如何，雪中送炭的"义举"让他们二人的后半生都受益无穷。

危难之中见真情，困难之时显品德。如果你想助人，也有助人的能力，那么你首先应为正在挨冻的人们送些炭去，因为那正是迫切需要温暖的人们所渴盼的。无论从心理学的角度，或从排序的先后，无疑都应当把"雪中送炭"搁在首位。在一个人挨饿的时候送他一块红薯和在一个人富贵的时候送他一座金山，哪个人会更念你的好？答案很明显，当然是前者。人生最大的安慰莫过于雪中送炭，而不是锦上添花。往往雪中送炭才是最令人感动的，是人生最真挚的情感体现，而锦上添花只会给人一时的喜悦。

每个人活在这个世上，都不可能不有求于人，也不可能没有助人之时。当你打算帮助别人的时候，请记住一条规则：救人一定要救急。在生活中，很多人总是在别人不是很需要的时候拉上一把，使之锦上添花，其实锦上添花不如雪中送炭。其中的道理很简单：如果他人有求于你了，这说明他正等待着有人来相助，如果你已经应允了，那就必须及时相助。当他人口干舌燥之时，你奉上一杯清水这便胜过九天甘露。如果大雨过后，天气放晴，再送他人雨伞，就已没有丝毫意义了。

锦上添花的事情让别人去做，我们只做雪中送炭的事情，那便够了。

做人要有品，做事要有格

杰伊和比尔是一对从小长在不同家庭的双胞胎。杰伊生活在农场，每天早晨他都早早起床，帮忙打点。此外，杰伊还帮着准备午餐和晚餐，饭前整理桌子，饭后收拾餐具等等。杰伊还参加了"少年联盟杯"的棒球比赛，在最艰难的第一年，父亲一直鼓励他坚持下去，并教导他不要做一个知难而退的懦夫。每天放学后，杰伊都会先练习30分钟的钢琴，然后完成家庭作业，再去玩耍。于是，"勤奋是光荣的"，"努力和坚持不懈终会得到回报"等观念便牢牢根植在了小杰伊的头脑中。

杰伊的双胞胎兄弟比尔，从小受到了截然不同的教育。他有自己的房间，并常常独自相处。从来没有人要求比尔帮助做家务或收拾房间，同样也没有人告诉过比尔勤奋工作的重要意义以及如何全力以赴地做好每件事。尽管长大后，两兄弟身上存在的那些与生俱来的共性还是让人惊叹，但他们的处世原则和性格却截然不同。

显然，我们只能把这样的差别追溯到风格的不同上来。

就像世界上没有两片完全相同的树叶一样，有不同才会有故事。如果世界上的人都千篇一律，那么我们每个人的价值又怎么来发挥呢？因此，我们做事的时候要有风格。

你有没有听说过下面的故事？

一天，蜈蚣正用它那成百条细足蠕动前行。大哲学家乌龟久久地注视着蜈蚣走路，心里特别纳闷儿，四条腿走路已经很困难了，可蜈蚣居然有上百条腿，它是如何行走的？这简直是奇迹！它究竟是怎么决定先迈哪条腿，然后再挪哪条腿，接着再动哪条腿呢？它可有上百条腿啊！

于是乌龟拦住了蜈蚣，问道："我活了这么多年，又是个哲学家，但现在被你的腿弄糊涂了，有个问题我解答不了，你用这么多条腿走路，怎么走啊？这几乎是不可能！"

蜈蚣从未被提问过这样的问题，有些不知所措："我一直这么走啊！可有谁想过这个呢？既然你问了，那我得好好想一想才能回答你。"

这个念头第一次进入蜈蚣的意识：也许，乌龟是对的……该先动那条腿呢？蜈蚣站立了很久，以至不能动弹了，只蹒跚了几步，便趴下来。它对乌龟说："请你再也别问其他蜈蚣这个问题了，我一直都在那样走路，根本没有问题，你把我害惨了！现在我无法走路了，我有这么多条腿，可是我应该先迈哪条腿呢？"

你是否认识这样一些人，他们很聪明，很有天赋，但却总是得不到他们应有的成功；他们的确天赋过人，但是天赋却没有转化为相应的成就。同样，在你的身边，是不是还会有另一些人，他们的成绩明显超越了他们的个人天分。看上去，他们似乎并不是特别聪明，也没有什么特别的天赋，但是，他们却总是做什么就能成就什么。

那么，这两者之间究竟有什么区别呢？

通常，前者总是被人们打上懒散的标签，而后者会被认为很刻苦很勤奋。懒散实际上也是诸多坏习惯综合作用的结果——拖沓，做事没条理，糟糕的时间观念，缺乏实际行动，不守信用，没有毅力等等。同样，良好的处事风格其实也是若干好习惯的综合表现——做事有条理，时间观念强，信守承诺，坚韧不拔，从不拖沓等等。因此，只要查看一下一个人的处事风格，你很快就会发现人与人之间的根本区别所在。

你有你的处世态度，我也有我的做事风格，真正让我们与众不同的还是风格。

你或许认为，处世的风格是天生的，父母遗传的，好和不好都与生俱来,这只说对了一半。的确,人的所有性格特征都来自遗传,但是,除了先天的素质之外,一个人的处世风格还受到环境的影响。其实,我们每个人在表现出强烈的遗传倾向的同时,也受到了教育、经验、环境等因素的巨大影响。至于先天的本性与后天的培养各自占据多大的比重,则是人们永远争议的焦点。

不过,有一点是可以肯定的,那就是后天的培养铸就了我们强大的风格,而正是这种风格从根本上决定了我们的处世风格。风格是绝对的,但要看你是把它掌握在手中还是失落在手外。性格左右命运,风格决定性格!

有风格的人,才是真正有魅力的。不论别人怎样做事,你都要学会求同存异,发展自己与众不同之处,回避人所共有的通性,独树一帜,自己始终要有自己的风格。如果一直以学习的态度处世或许才能获得更多的机会,低调处世不代表没有自己的风格,恰恰是为成功蓄势。为了更多的机会而去努力吧,在社会这个竞争的舞台,演出才刚刚开始!

不带给被助者卑微感受的帮助

英国电视制片人莱斯·布朗成名后经常回忆起大学时代的一位恩师,并且不止一次地对别人说,他的今天,归功于那位教授点燃了他心中的信心火焰。

读大学时,布朗是一名差生,外语、数学和历史考试经常不及格,暑假期间还被迫到补习班补习。他自以为自己很笨,觉得自己比大多数同学都迟钝,也不像他弟弟妹妹那样聪明伶俐。就在他灰心丧气、一蹶不振的时候,一位名叫卡尔的教授在听了他的倾诉后,非但没有嘲笑他,反而鼓励他说:"哦?布朗,没关系的,它能说明什么呢?它只能说明今后你还得更加努力才行。要知道,对未来命运和成就起决定作用的因素有很多,记住,千万不要灰心,不要泄气!"

在得到卡尔教授的鼓励后,布朗好像变了一个人,对自己充满了信心，对任何事情都勇于去尝试、去奋斗、去拼搏。后来，布朗的名字终于上了学校的荣誉册，几年以后，他又制作了5部专题片，并在公众电视上播出了。当他制作的节目《你应受报答》在教育台播出后，卡尔教授还专门给他打来了电话说："你就是那个让我感到骄傲的人，是吗？"布朗也恭恭敬敬地说："是的，先生，正是我。"

故事之所以动人，那是因为有助人的智慧在其中。不难想象，如果当年卡尔教授像其他人一样嘲笑布朗，那么后来的布朗又怎么能够树立起信心呢？卡尔教授转换了帮助布朗树立信心的方法——安慰他，鼓励他！

我们说的"智慧地助人"，是不带给被助者卑微感受的帮助。

有一次，一位纽约的商人，把一枚硬币丢进了一个卖铅笔人的杯子里，便匆忙踏进地铁。过后他想了一下觉得这样做不妥，又跨出地铁，走到卖铅笔人那里，从杯中取走几支铅笔。他抱歉地解释说，他在匆忙中忘记了带走铅笔，希望不要介意。他说："毕竟，你跟我一样都是商人。你有东西要卖，而且上面也有标价。"然后他赶下一班车走了。

几个月后，在一个隆重的社交场合，一位穿着整齐的推销员走到这个商人身边，并自我介绍说："你可能已经忘记我了，而我也不知道你的名字，但是我永远忘不了你，你就是那个重新给我自尊的人。我一直是一个销售铅笔的乞丐，直到你跑来找我，并告诉我，我是一个商人。"说来有趣的是，后来正是这位昔日的乞丐，帮助这位商人把积压的商品推销了出去，还挣了不少钱。

助人的方式有很多种，古人说"授人以鱼，不如授人以渔"，可是当人们真正做善事的时候，又有几个人真的考虑过被助者的心理？助人助心，自立者方能自强。当我们做善事的时候，一定要多替对方考虑一下。没帮到人事小，要是伤害了人，那就跟自己的初衷相差甚远了。

有人曾访问过100位白手起家的富翁，发现他们都有一个共同的特点，就是他们都是优点的发现者，能看到其他人好的一面。美国的玛丽·

克罗莱女士所创办的家务与礼品公司,从一无所有开始,竟成功地成为一家堪称销售界楷模的公司。为什么她能获得如此惊人的成功呢?有人说,她的成功是出自于她深刻的信仰:她相信一个有信仰的人等于99个只有兴趣的人;她相信每个人都有无限的潜能,如果你能从心理、道德、体能和精神上帮助他们,他们也会在相同的基础上为你建立生意,助你赚钱。

如果你能帮助别人获得他们需要的,那么你自己也能因此得到你想要的,你帮助的人越多,你得到的也会越多。帮助他人,其实就是帮助自己。

3.别过分记仇,不要用别人的错误来惩罚自己

有一句名言说"生气是用别人的过错来惩罚自己"。老是念念不忘别人的坏处,实际上最受其害的就是自己的心灵,搞得自己痛苦不堪,何必呢?

这种人,轻则自我折磨,重则就可能导致疯狂的报复了。乐于忘记是成大事者的一个特征,既往不咎的人,才可甩掉沉重的包袱,大踏步地前进。

人要有点"不念旧恶"的精神,况且在人与人之间,在许多情况下,人们误以为"恶"的,又未必就真的是"恶"。退一步说,即使是"恶"吧,对方心存歉意,诚惶诚恐,你不念恶,礼义相待,进而对他格外地表示亲近,也会使为"恶"者感念你诚,改"恶"从善。

唐朝的李靖曾任隋炀帝时的郡丞,他最早发现李渊有图谋天下之意,便向隋炀帝检举揭发。李渊灭隋后要杀李靖,李世民反对报复,再三请求保他一命。后来,李靖驰骋疆场,征战不疲,安邦定国,为唐王朝立下赫赫战功。魏征也曾鼓动太子李建成杀掉李世民,李世民同样不计旧

怨，量才重用，使魏征觉得"喜逢知己之主，竭其力用"，也为唐王朝立下丰功。

宋代的王安石对苏东坡的态度，应当说也是有那么一点"恶"行的。他当宰相那阵子，因为苏东坡与他政见不同，便借故将苏东坡降职减薪，贬官到了黄州，搞得他好不凄惨。然而，苏东坡胸怀大度，他根本没有把这事放在心上。王安石从宰相位子上垮台后，两人的关系反倒好了起来。苏东坡不断写信给隐居金陵的王安石，或共叙友情，互相勉励，或讨论学问，十分投机。苏东坡由黄州调往汝州时，还特意到南京看望王安石，受到了热情接待，二人结伴同游，促膝谈心。临别时，王安石嘱咐苏东坡：将来告退时，要来金陵买一处田宅，好与他永做睦邻。苏东坡也满怀深情地感慨说："劝我试求三亩田，从公已觉十年迟。"二人一扫嫌隙，成了知心好友。

相传唐朝宰相陆贽，有职有权时曾偏听偏信，认为太常博士李吉甫结伙营私，便把他贬到明州做长史。不久，陆贽被罢相，贬到了明州附近的忠州当别驾。后任的宰相明知李、陆有这点私怨，便玩弄权术，特意提拔李吉甫为忠州刺史，让他去当陆贽的顶头上司，意在借刀杀人，通过李吉甫之手把陆贽干掉。不想李吉甫不记旧怨，上任伊始，便特意与陆贽饮酒结欢，使那位现任宰相的借刀杀人之计成了泡影。对此，陆贽自然深受感动，他便积极出点子，协助李吉甫把忠州治理得一天比一天好。李吉甫不搞报复，宽待别人，也帮助了自己。

最难得的是将心比心，谁没有过错呢？当我们有对不起别人的地方时，是多么渴望得到对方的谅解啊！是多么希望对方把这段不愉快的往事忘记啊！我们为什么不能用如此宽厚的理解开脱他人？

古往今来，不计前嫌、化敌为友的佳话举不胜举。以古为鉴可以让我们明白事理，明辨是非，把握前途。

信 任 心

如果我不信任你，我也许根本不愿意同你打交道。我可能认为凭自己的力量解决问题要比同你一块儿干安全得多。如果你说的每一句话都与实际不符，我怎么能同你协商？如果不能指望对方遵守协议，为何还要费劲去达成一项协议？事实上，我们都认识到相互信任的价值和彼此猜忌的代价。

大多数人际交往都在完全信任和极度猜疑两个极端之间徘徊，几乎在所有情况下，双方都愿意看到彼此拥有更多的信任。但如何才能增加信任，我们对此并无把握。

有时我们认为，同别人交往的目标就是完全信赖对方。这种想法其实是很危险的，我们需要的不是纯粹的信任，而是有根有据的信赖。光追求一种理想的状态是不够的，我们应当在一定基础上信任别人，并且保持适度的怀疑。

对方对我的怀疑，有些是由于我的某些做法引起的，有些则与我无关，是他本身的想法。为了让对方更有理由相信我，我应当增加自己行为的可信度，并努力使对方更准确地理解我。

同样道理，我对你的信任，一方面有赖于你的所作所为，另一方面也是出于我对你的看法。因此，我们可以制定出一个为改善关系而切实可行的目标，每一方都可以无条件地实施。这一目标应是：

高度信任彼此的言行。

准确评估信赖对方所要担负的风险。

先来探讨一下我们自身的可信度——哪些行为会导致对方的不信

任,我们能如何改进。

再来讨论对方的可信度——对方的哪些言行会招致我们的怀疑,我们该怎么做。

1.可能造成对方不信任自己的原因

我们在考虑信任问题时,通常会问对方是否值得信任。在任何人际关系中,只有一个人我们可以有效控制,并可使其更值得信赖,那就是我们自己。

最容易改变的是自己的行为。

第一个问题:我们的行为反复无常吗?

无法取得别人的信任通常是因为我们的行为捉摸不定,这可能由多方面原因造成。我们在不同场合有不同的做法,这完全与谎言和骗术毫不相干,然而却会使别人觉得我们难以捉摸。

从这种意义上来说,没有人会信任天气预报员。我们不怀疑他的真心诚意,他肯定在气象图上花了不少工夫,也绝不会蓄意欺骗大家,我们只是不能完全相信他的预测。同样道理,我们也不会完全信任指点该买哪只股票或预测股市走势的经纪人。这两种情况下,他们面对的都是难以预测的事情。

人类的行为也同样捉摸不定,即使我们自己有时也会为自己干出的事大吃一惊。时间的推移、新的思维和情况的变化都会使我们做出几个星期之前想也想不到的事情来。我自己尚且如此,你就算再了解我,也不能准确预测我以后的行为。

第二个问题:双方沟通是否不经意?

有时我们随便说的一句话,别人却当了真,这也会破坏我们的可信度。你问我什么时候回来,我回答说:"11点应该到家了。"你可能当了真,计划11点半跟我谈什么事。我却认为我只是尽量估计了大致回来的时间,并没有做出承诺。不管你的理解是否合理,我的沟通方式显然不好。如果我经常说话不当回事,你却总以为是说定了,几次之后,你完全有理由认为我这个人不可靠。

第三个问题:我们是否没把明确的承诺当回事?

即使做出承诺,对方也明白无误,这里仍然会有问题。因为有些人很重视信守诺言,有些人却不怎么把它当回事。这时,问题并非在于是否故意欺骗他人,而是无法了解别人现在对问题的看法以及将来的思维方式。每一项承诺都有其暗含的条件。

我和你约定星期二一起吃午饭,这是一项承诺,但是如果有什么在我们看来非常重大的事情发生,任何一方都可以改变决定。比如:你病了或者其他一些难以预料的事情发生了,你都会取消这个约定。

第四个问题:情况的发展是否超出了我们的预料?

假如一个女人是"小三",她意外为一个男人怀孕,她必须去打掉这个孩子,已经约好了医生,并且男人承诺负担一笔不菲的费用,但是走到医院门口,女人却想要留住这个孩子,因为她不舍得,发现自己在情感上对这个孩子有所需要。男人很生气,他说女人不守信用。

这个例子有点极端,但撇开道德问题不谈,这例子却很好地说明了影响"承诺"的关键因素之一——情感。这里,女人的"不守信用"并非因为你不诚实或想要故意欺骗别人,而是因为情况的发展是她事先所不能预料的。

同样,因为情感因素,我们对在什么情况下能放弃承诺也有不同意见,这时就免不了要产生分歧。

2.如何让别人相信你的行为可靠

如果我故意误导你或对你撒了谎,你完全有理由不相信我。欺骗的方式有多种:我可能撒谎;答应了某件事却根本不打算履行;说出的话表面上是正确的,实际上却在故意误导他人。

但我这么做可能也有我的苦衷，也许我事先答应过别人要保守秘密，或者只是不想让你难堪;也许我撒谎是为了掩盖自己的失误或错误,"打了好几次电话都没有通","支票已经寄出来了","对不起，没收到你的留言","我肯定锁门了";或者我故意让你掉进我设下的圈套,使你日后上当。

一句谎言能招致很大的不信任。我说过的一百句话里哪怕只有一句是假的,你也会因此而完全不信任我。除非你能摸准我何时说真话,何时不说真话,否则,一旦发现我稍有假话,你会全盘否定我的言行。

无论我们的为人是否值得信赖，别人看问题也会往坏处看得多一些。我们说话稍有失误,做事略有不慎,他们就会夸大其词,再加上偏见作怪,情况会更加糟糕。

比如,我把车借给你,但要求你回来之前加满油。你在星期天还车之前花了一个小时找加油站,却徒劳而返。最后你给我留了一张感谢条,并抱歉说没有找到加油站。我可能会怀疑你只是找了一个借口,所以不相信你的话。而你却认为自己已经尽了力,没有想到我会怀疑你,也就没必要再向我做进一步解释,消除我的疑虑。我对你形成的坏印象完全有可能影响到我们日后的交往。

我们对自己的行为总是非常宽容大度,这不仅体现在小的失误或错误上,在蓄意欺骗、不诚实和不遵守诺言的时候也是如此。

别人对我的不信任基于事实根据,我自己却不愿意承认。我也许能够头头是道地解释不相信对方的理由，却说不清自己为什么无法取得别人的信任。

有些人认为他们从不承认错误或从不向他人道歉可以获得好名声，但是如果我们做错了事却还满不在乎，那只会损害我们在别人心目中的可信度。

例如，你是我的新房东，我应在每月的第一天向你交纳房租。头四个月，我每次都晚一个星期左右才交给你房租。你打电话来说这件事，我的回答则是："一两个星期没什么大不了的。"你很可能会加深对我的坏印象。不把自己的错误当回事会破坏一个人的名声。

另一种破坏信誉的行为是不和对方商量，单方面认定自己做出承诺的含义。比如，我告诉妻子晚上7点回家吃晚饭，如有变化会打电话。星期六晚上我7点45分回来了，我可以分辩说"显然"7点钟的约定只限于平时，星期六晚上要去看棒球比赛，不算在内。表面上看，我是在维护自己的诺言，实际上却破坏了它。还不如索性承认可能发生了误会，向妻子道个歉，并表示将来碰到类似的情况会说清楚。

那么，如何让别人相信我们的行为可靠呢？

这就要求我们：

一、以诚实的态度谈论自己的行为，获得别人的信任

开诚布公地讨论在别人看来与先前承诺相悖的行为能提高自己的信誉。比如，供货商在处理未按时交货问题时的诚实态度能增加人们对他的信任。

二、如果履行诺言有困难，应尽快让对方知道

告诉对方问题所在，让对方不要着急，并告知对方你正在想办法解决问题，这样做无形中会增加别人对你的信任。如果你没来得及完成客户的活儿，害怕客户打电话来，就应当采取主动，先打电话给她，告诉她未来得及完成她的活儿，并告诉她大约能完成的时间。

通过自身努力，你能使自己的行为变得更为可靠。在加强自身可信度的同时增加别人对你的信任，这种做法是非常积极有益的。不管对方是否努力博得你的信任，你的表现对双方关系和自身都大有益处。

三、多沟通，为什么你会认为你靠不住？你该对此做何努力？

我们能主宰自己的行为和思想，但无法控制别人。绝望、放弃是错误的，如果你有"你不相信我"这种想法，你能做的就是前期的大量沟通。

3.应该相信对方多少才算适度

我们往往容易怀疑别人，病人不相信医生，选民不相信政客，几乎没有人会相信律师。疑心容易产生，却很难消除。在谈判技巧练习中，参与者(一起工作的总裁、工会成员、学生和其他一些人)分成若干小组待在不同的房间里，每个小组几乎马上就开始把其他小组往最坏处怀疑。且不管他们出于何种原因去怀疑别人，怀疑的程度显然被夸大了，远不能以对方的行为来做合理解释。

但是，我们有时又太轻信别人。有些人看到朋友坦率的笑容，悦人的举止，或仅仅因为交往时间长，就相信对方的真诚。银行、商店、企业因为信任一些不该信任的职员，每年都会因为各种贪污事件损失大笔钱财。

互不信任会导致双方存在分歧，但是相信不该相信的人同样不能解决问题——那么，应该相信对方多少才算适度？

要回答这个问题就要有一个信任的判断标准，斯坦福大学这样认为："信赖基于风险分析，而非品质分析！"

这乍听上去很无情，但是，生活中我们往往弄不清楚"信任"的具体含义，比如说：如果对方的行为让人捉摸不定，我们可能会认为他不值得信任，随之，我们开始怀疑他是否诚实。一旦开始从诚实的角度看待问题,那就没完没了了。

一家公司可能出于不可避免的原因而导致货送迟了,客户便开始怀疑产品本身的质量,甚至怀疑公司的雇员是否诚信。不信任具有传染性,因此有必要分清造成问题的不同原因。

如果我表示不信任某个人,也许只是因为我们俩竞争同一个职位,我可不认为他是坏人。

一家美国公司的总裁表示他不相信日本人,他的意思并非针对家里的日本保姆,可能是"一家日本公司正跟他的公司抢占市场份额"。

……

所以说,正是因为我们大部分人看重道德胜过风险,才出现了所谓的"信任危机",在决定是否信任某人时,比如,在是否借钱给他这个问题上,我们通常会看重对方的人品。这个人是好人吗?这个问题虽然重要,却不应当是决定性的,好人也会破产。如果我最好的朋友无法偿还欠我的债,我遭受的损失将无法挽回。即使我对借款方的品行知之甚少或一无所知,只要票据有抵押,仍然是个好投资。是否信赖借款人、孩子或盟友,取决于对利益和风险的分析。

我这样说不是让你违背道德,只是说,当我们在选择同谁打交道以及衡量承担风险的大小时,"品行端正"是一个重要因素,但是它绝不应成为信赖的必要或充分条件,正确的方法应该用"风险性"来衡量——特别是进行某种交易的时候,才能快刀斩乱麻,避免让自己和对方都陷入尴尬的情形中。

抛开喜好憎恶的问题不谈,你应当在信任与不信任之间比较各自风险的高低。两种选择可能带来的损失或破坏分别会有多大?带来的好处又是什么?

不管在哪个层次上,决定是否信任对方是风险评估问题,而非评判对方品行的问题,这是决策的正确途径。

有几点值得注意:

分清敌对情绪和不诚实行为

你对我怀有敌意而不是抱有好感，这并不一定影响我们之间的合作关系。我们都希望能同那些与我们有着根本分歧的人保持良好的关系，敌意并不意味着欺骗。

生意场上，克莱斯勒公司可能希望福特公司破产，就像街角的那家杂货店恨不得附近的超市倒闭一样。两名执行总裁要竞争同一个职位，必然针锋相对，就像两个小伙子向同一位姑娘求婚一样。在这些情况下，每个人都有理由"怀疑"对方的动机，但是目标冲突不一定妨碍双方处理共同问题的可靠性。对立的目标就像不可调和的价值和观点一样，会制造冲突，但并非不可解决。别人对我们好，这固然不错，但我们需要的是真诚。

在交往中，目标冲突并非不可调和，如果我们刻意掩饰各自的真实意图，问题就严重了。有人表面上是我们的朋友和支持者，但我们有理由相信他实际上心怀鬼胎，且会损害我们的利益，那么我们不信任他是正确的。如果他装作我们之间没有任何冲突，我们就不可能很好地解决任何问题。只有当他开诚布公地亮出自己的目的，我们也有理由相信他的话（他确实没有说假话，也保证恪守诺言），我们才能合作。一家公司的工人和管理层要应对倒闭的危险，在这种情况下，双方的严重分歧并不妨碍他们维护共同的利益。如果我们能辨别敌意和欺骗，就能减少很多互不信任的情况。

分清捉摸不定和不诚信

为了取得建立良好关系所必要的信任，我们必须分清墨守成规和诚实坦白之间的差别。

我可能非常诚实，但行为举止让人捉摸不定，夸夸其谈，丢三落四，很少承诺，即使做了承诺也不当真。

反之亦然：有些人其实靠不住，但却墨守成规。

比如，一个当爸爸的每天早晨7点前肯定会起床，但你能断定他是一个守信用的人吗？

假如不可预知的情况导致对方没有遵守诺言，我们不能就此认定他就是一个不诚实的人。只要他说的是真心话，那就是诚实的表现。

假如你是一名年轻医生，接受了某项职位，"相信"另一名资深医师会很好地培训你，他手上又有一大笔研究经费。他如实地告诉你，他会在这个职位上继续干好多年。但是，他临时接到通知必须去接受一项重要的任命，而把你抛下了。你应当分清是他计划有变，还是他不诚实，故意欺骗你，或是他根本就不值得信赖。你本来以为他会一直带你干下去，但他职位的变化并不意味着他品行不端。他计划的变化使你很尴尬，但你不能因此而责怪他的品行有问题，就像突如其来的阵雨使你的野餐计划泡了汤，而天气预报员没有预告会有阵雨一样。我们应当弄清楚问题发生的原因，不要一味地不信任别人，这种不信任会不公正地蔓延到其他方面。

重视风险分析

究竟该给对方多少信任是一个评估风险的问题，而非判断对方品行的问题。

怀疑对方的诚意和承诺势必影响我们分析由于信任所要承担的风险。毫无疑问，对方肯定会为自己的利益着想，而我们就应当以他的眼光来分析眼前的利益。决定是否相信对方的声明或承诺，关键在于权衡信与不信的风险和成本收益。

有些风险是值得一冒的，它与对方正直与否毫不相干。比如，即使我对另一方的为人有疑问，但和他一块坐救生艇逃生总比留在沉船上强。同样，不管对方多么刚正不阿，多么值得信任，有些风险也是万万担不得的。你的好朋友人品肯定没问题，但如果他对驾驶飞机一无所知，你可不能搭乘他开的飞机回家；再比如他对做生意一窍不通，你当然不能把毕生积蓄投到他新开的公司里。

如何帮助对方建立可信度？

无论别人怎么做我们都不满意，经常指责对方不可靠是常有的事，这往往反映出一种双重标准。我们容易原谅自己和朋友，对别人却不宽容。

如此经常性的指责真实反映了我们的偏见，如果希望同对手发展更好的关系，批评他们靠不住显然不能使他们变得更可靠。

将别人一棍子打死（"我们根本不能相信你们公司"）不会激励他们重诚实、守信用，只会让他们破罐子破摔。

如果别人不论做什么都会遭到攻击，那么他们会认为："我们何苦努力遵守某项协议的技术性条款，反正无论怎样你都会说我们不遵守协议。"

攻击别人的可靠性，过分指责对方行为的不忠，会在多方面影响双方建立良好的关系。无端指责会使对方觉得没有必要注重诚信（反之，私下讨论自己的顾虑，坦率交换意见，能起到积极作用）。

另外，当众指责对方不可信赖会激起对方反唇相讥，互相谩骂，到最后没人能落个清白。

最后，过分指责也会降低统一标准。错误地认为"别人都这么做"，到头来不知不觉自己也陷了进去。20世纪80年代，华尔街一度盛传有些交易所暗中进行幕后交易，其他人也跟着做。随着谣言的流传，越来越多的人进行这种不诚实的交易。最后，甚至最有声誉的交易所也卷入了这种非法行为。

尽管我们能力有限，但还是有些可行的办法能使对方变得更加诚实可靠。

不要轻信别人，以减少风险

能够信任别人自然令人愉快，但轻信别人则是严重失策，过分依赖"纯粹的信任"往往事与愿违。无论某住户的信用记录如何，银行在做出大额借贷时都会要求以房屋做抵押。聪明的房东会要求房客交押金，减少违约的损失，更重要的是，它能阻止违约情况的发生。

给对方应有的信任

如果你没有充分相信对方，那么问题也许在于你害怕承担风险，而不是别人不可靠。不论别人驾车的技术有多高，你还是觉得自己开车放心些。即使别人已经很仔细地锁上了后门，你还是要再检查一遍。总之，你宁可不相信对方，也不愿冒任何风险。

无论出于什么原因，别人没有给你应有的信任，你就会心有怨言，表现得不那么诚实，或者两者兼而有之，这不利于双方合作。为了减少这种状况的发生，你可以向别人解释你的顾虑，倾听别人的观点，找到一个平衡点，既消除了自己的担忧，又能给对方应有的信任。你的目的是以充分的理由信任对方，并以此改善对方的行为，使之更有可信度，同时让对方知道你在这方面所做的努力。

奖罚并重——不失偏颇

我们的言谈会影响别人的行为，如果我们能掌握好褒贬别人的尺度，也许会有意想不到的收获。人们如果知道他们的诚实可靠被看重，便会更加以诚待人。因诚实而获得赞赏，其成就感远远超过不守诺言而得到的满足感。

一项有力的批评，无论是正面还是负面的，都应当是公正、准确和就事论事的。如果你从别人那儿听到的唯一正面反馈就是"干得不错"，你就会禁不住怀疑别人的诚意，或许认为别人夸奖你是出于某种习惯性的策略，或是出于某种别有用心的动机。假如那个人能具体说一下自己的看法（"季度报告写得很好，你对公司产品结构的变化做出了清晰、简明的分析，有利于我们的长期规划"），你就能理解他为什么会做出这样的评价，以及希望你将来在哪些方面再接再厉，哪些方面需要改正。

加强奖励信任的机制

我们往往认识不到一个可靠的机制能够帮助我们增强对某些人或机构的信心。信用卡制度使得世界各地的商家都能信赖成千上万他们未曾相识的人。

如果你在一条双向行驶的高速公路上以每小时55英里的速度开车,其他汽车与你相隔仅几英尺,在以同样或更快的速度逆向而行。尽管你不认识其他司机,对他们的品行或车技一无所知,但你还是信任他们不会开到你这边来,你会把自己的身家性命押在他们身上。

我们已经确立了一个机制,遵守这个机制符合每个人的利益,这样的信赖对个人、公司和国际关系都是重要的承诺。

相信某种体制,要比信任一个人容易得多。我们相信我们的兄弟很诚实,也讲信用,但是根据经验,我们知道我们之间肯定会有分歧。那么最好大家能预先商定一个办法,在双方争执不下的时候,抛硬币决定听谁的。

掌握了这几点原则,相信我们每个人都能消除别人的不信任,使自己的行为变得更加可靠,同时也能做到正当地怀疑和有理由地相信别人。

我们还应当注意:

凡事向前看,不要向后看。

就事论事,不要一概而论。

对事不对人。

······

把错误行为看作共同问题,而不是把柄。我们在批评别人时往往会翻出陈年老账,弄得双方相互攻击。要改善关系,我们应当把每一次违约当成未来要解决的问题,也就是双方交往中存在的问题。

举个例子:如果你跟我约定一起吃晚饭,结果你晚了一小时,我可能会就此判断你的行为,总结出这样一个结论,"又晚了!难怪没人相信你。"

另一个办法是心平气和地说明我的想法和考虑,并询问对方将来如何处理守时的问题:"我已经等了有一个小时了,发生了什么事?如果我们能把时间约好,我就能更好地安排自己的时间,也不会为类似的问题而烦恼。也许我请你的时候没有说清楚,我是不是应该事先再跟你确认一下时间和地点？或者如果你要晚了,是不是能打个电话给我？你觉得呢？"

每次发生令人不悦的事件都给双方提供了合作的契机,一方面解决手头上的这个问题,另一方面也防止以后类似事件的发生。

保持理智与情感的平衡

有些人容易情绪激动,对他们来说,考试前的焦虑、看牙医前的紧张、外出旅行前的不安情绪都会影响他们做出理性的决定。相反,也有些人即使在极度焦虑时或争吵之后也能集中精力思考,做出理性的判断。但是所有人都有这样的经历——有时情绪失控,很难或者说根本无法理智地面对一场冲突。

情绪越激动,就越容易失去理智。你越是爱或尊重一个人,在你认为他受到不公平指责时,你就会愈加愤怒,也就越发不能有效地反驳对方的批评意见。如果雇员罢工就会面临破产的危险,一个小业主就可能不太容易理智地应对工会的威胁。相比之下,罢工对一家大公司总裁的影响就不至于那么大,他处理起来就会游刃有余得多。

即使我们认为是"正面"的情绪也会破坏问题的解决。波士顿交响乐团指挥小泽征尔曾经这样解释——为什么他同该乐团的合作演出并不总是能完美发挥？

他说:"我同乐团合作有很长时间了,对各位演奏者也有很深的敬意,所以觉得很难要求他们完全以我的方式来演出。"

生意场上，即将达成协议所带来的激动之情可能使谈判双方忽略重要的细节问题。几乎所有人都有这样的经历，在友谊的光环下或一时兴奋做出的承诺往往过后一经考虑，就会追悔莫及。

不管问题大小，总有其感性的一面。双方在经历不同类型、不同程度的情感时，应当保持清醒，认识到双方的分歧所在。

1.承认自己的情绪

即使你能意识到自己的情绪，也能充分控制自己的行为避免当场做出莽撞之举，但这些情绪仍在，可能还会带来麻烦。

我们中有些人试图掩饰自己的情绪，这是自欺欺人。别人可能已经注意到你的嗓门越来越大，你却还要掩饰，否认自己变得越来越激动。这时候嚷嚷一句"我没有发火"无异于此地无银三百两。

否认情绪的存在不等于它们真的就不存在，相反，只会使情绪变得难以改变。我们想要掩盖情绪的原因是多种多样的。孩提时代，大人就教育我们不应当流露或谈论感情。有些家庭把所有的情绪表露都当作问题来看待，一些大人甚至还教育孩子发火是不对的，做出伤心的样子是错误的。慢慢地，这些孩子就认为，感到生气或伤心是不对的。在成长过程中，他们逐渐就学会了压抑自己的感情。

许多人掩饰感情，是因为害怕感情的流露会带来不好的后果。如果表现愤怒或失望，别人可能不喜欢我。如果我对他人表示同情，可能会被认为是软弱的表现。虽然显得过于激动可能意味着自己情绪失控，但多数人的问题是感情流露太少而不是太多。

想要掩饰感情会在交往中带来两方面的问题：

首先，我们只有表露自己的情绪，或至少承认有情绪存在，才能应付它们。

一些具有破坏性的情绪,如愤怒和怨恨,都会积蓄心中,一旦爆发,会对双方关系造成长期破坏。此外,如果掩饰了自己的情绪,我们可能因此而忽略那些需要关注的潜在的实质性问题。

其次,我们掩饰了建立良好关系所必需的积极情绪。

比如,许多公司经理失败的原因就在于他们没有对员工表示感情上的关切。一位表现得漠不关心的经理,不管他内心多么在乎,都不可能激发下属的热情、忠诚和开诚布公的态度,而这些品质对于组建一家充满活力、高效率运转的公司来说是必不可少的。

理清那些对双方关系具有破坏性的情绪,其对策之一就是将它们公开——承认它们的存在,并且谈论它们。说出自己的愤怒或恐惧(而不是将它们表现出来),是自信和自制,而非软弱的表现。当然,公开谈论自己的情绪,有些人会不习惯,觉得很尴尬。

因此有必要记住以下几点:

开门见山。"对不起,但这件事实在让我有点儿生气了。"

声情并茂。眼睛看着对方,降低音量,放缓语速,适当停顿以加强语气。"我觉得很烦……很难将注意力集中在协议的条款上。我想我们能不能改变一下讨论的气氛。"

直言不讳。解释一下自己不满的原因。"我感到很恼火,刚才我正解释付保证金的事儿,话说到一半就给打断了。我还建议找个协调人,也无非是为大家好,如果没记错的话,有人当时就对我说:'你自己不能处理吗?'"

避免责备。"我可能听错了你的意思,如果什么地方得罪了你,请多多包涵。"

直接询问。"如果你对这场谈话有什么不同的想法,请告诉我。"

予人方便。"我知道大家都是为解决这件事而来的。要不,你再谈谈你的意见,然后咱们休息十分钟,之后再谈预付保证金这件事到底可不可行。"

2.体会自己和他人的情感

过于强烈的情绪会使问题恶化,但不能因此而压抑情感。

谁都知道,情感是动力之源。我们愿意做某件事是因为我们乐意,或者是觉得它具有挑战性,想试一试,而不是出于不得已而为之。

大多数有成就的公司都鼓励员工不仅参与经营,而且对公司作出感情投入。他们发现,真诚地关心员工和他们所面临的问题是一项感情投资,能激发员工的士气,有利于提高生产效率和增强团队合作精神。一些管理不当的公司在困难时刻,往往得不到员工的帮助,他们经常得到这样的回答:"为什么我们要全力以赴地帮助公司渡过难关?这对我们有什么好处?"

如果没有一定程度的感情投入,包括对彼此的关心,双方就很难解决重大的分歧。假如你的配偶觉得受到冷落,没有被领情,那么一句"你想怎么样就怎么样吧,亲爱的",不管说得有多亲切,都只会把事情弄糟。

完全用冷静、理性的眼光来看待世界会使我们体验不到重要的人生经历,没有这些经历,我们可能无法有效地处理分歧。有了感情的指引,我们才能体会到别人如何对待我们以及我们需要的是什么。

所以,要你实现情感与理智的平衡。

阻碍人们保持理智与情感平衡的原因有四个:

其一,我们不了解自己和对方的情绪。

其二,虽然我们常常有意识地控制自己的情绪,但有时情绪急速波动,以致我们不由自主地受它支配。

其三,即使理智本身战胜了情感并左右我们的行为,我们仍不能把握好那部分情绪,不管我们怎样将其掩盖,或是否认它的存在,事后它还是会冒出来烦我们。所有这些问题的根本原因就在于我们对情绪的产生没有心理准备。

接下来逐一分析这些原因,并提出完全积极的方法作为对策。

第一,体会自己和他人的情感。

我们常常对感情毫无察觉。不知不觉中,我们已经被不安、沮丧、恐惧或愤怒等情绪所左右,并影响到我们的一举一动。在我还没有觉察到自己的愤怒时,别人可能早就注意到我颈部肌肉已紧张起来,脸部开始涨红,说话声音也变了调。

对别人的情绪,我们了解得就更少了。即使你试图掩盖自己的愤怒或恐惧,它还是会在不知不觉中影响你的行为:你说话的语调、坐姿、呼吸频率等。对方也会下意识地注意到这些迹象,相应地也会觉得不安、担心或变得固执。如果双方都没有注意到自己或对方的情绪,我们就很难控制表达感情的方式,双方处理实际问题的能力就会受到影响。

因此,积极把握感情的第一步就是意识到它的存在。要做到这一点,我们应当学会观察肢体所传达的感情信号。通过观察身体各部位情况,能从中得到有关自己情绪的重要信息。

你的肠胃是不是感到不适?

手心是否冒汗了?

下巴肌肉是否绷得很紧?

你是不是攥紧了双拳,还是使劲抓着什么东西了?

说话声调提高了?

……

这些小动作多半传达着愤怒、沮丧或害怕的情绪。轻柔的声音,愿意靠得更近些,湿润的眼睛,这些迹象则意味着爱慕、同情或者伤心。你的身体感受在不同的场合可能表达着不同的情绪。一旦注意到这些变化,察觉出自己的情绪也就不难了。

为了培养这种意识，你可能需要在不同场合和不同程度的压力下进行练习。从每天的点滴小事做起——和朋友吃饭，同客户谈生意，看一场伤感的电影，进行一场困难的讨论，利用这些场合来培养自己对情绪和感觉的把握。随着对自己身体反应的了解，察觉情绪变得越来越容易，你就可以更频繁或在更为紧张的气氛下尝试发觉自己的情绪。

由于掌握的信息量有限，了解对方的情绪变得很难。你可以观察别人的一举一动，听别人说话的语气，但你无法知道别人的所思所想，对别人的感觉也许会做出错误的判断。

尽管如此，我们仍可以根据某些肢体语言分析对方是否产生了大的情绪波动。试想如果你处在别人的位置上，表现出别人那样的动作，用别人那样的语气说话，你应该在想什么呢？

了解对方的感受越多，就越能避免伤人话语或行为带来的敌对情绪的强化，避免做出有害无益的举动。总的来说，在触及问题的本质之前，有必要先观察一下对方的情绪状况。经过细心观察，多加体会，就能敏锐地察觉身体和嗓音的细微变化。

当然也总有摸不准的时候。为了找准对方的情绪，你也许需要证实你的判断，比如你会说："你的手指似乎要嵌进椅子把手里了，我刚才问你的那个问题，你好像并不满意，我惹你发火了吗？"

第二，不要感情用事，管住自己的行为。

光注意到自己的情绪还不足以控制其行为。情急之下，你可能没等自己做出理性决定就贸然行事。心理学家认为，在发育过程中，大脑最先产生本能和感性反应。随后，大脑才会变得越来越理性，并逐渐可以控制一些低层次的本能反应。但险恶环境可能直接引发感情和生理上的反应，导致理性思维出现"短路"。即使是稍有害怕或不信任感也会让我们有所行动，如一走了之；短期来看，这样做虽然保护了自己，但却对理智地解决问题不利。害怕遭抛弃也会导致同样的反应，如果妻子威胁要离开丈夫,他可能会怒不可遏、孤注一掷,这种情绪无助于解决导致他妻子威胁要离开他的问题。

如果自尊受到威胁,人们通常会感到不安全、害怕和愤怒,这些情绪会成为理智解决问题的障碍。有自卑倾向或担心失去自尊的人,通常会在争执中固执己见。他们怕丢面子,做事踌躇不决,最终使结局变得更糟。这方面的例子比比皆是,如南非白人拒绝同黑人谈判,以及一位犹豫不决的未婚夫想要毁掉婚约却觉得无从下手。

我们有些情绪反应不是与生俱来的,而是从父母或朋友那儿秉承的习惯。孩提时代,我们都发现情绪爆发能引起别人的注意,促使情况发生改变,用发脾气的方式表达沮丧、愤怒或失望的心情有时是可以接受、可以原谅的。这种潜移默化的想法伴随着我们长大,我们不自觉地认为如果发脾气、歇斯底里、大喊大叫、摔门或发号施令就能得到我们想要的东西。

感情上对失败的担心有时会超过达成协议带来的好处。有些人担心失败,因此就索性放弃,不再努力。另一些人从小就学会的是掀掉桌子让游戏玩不下去,也不能输了这一局。但是大多数人都明白,如果每次眼看要输就不玩了,就没有人愿意同我们玩。尽管如此,许多成年人在谈判中一旦处于下风就试图破坏谈判进程。

有时候,我们失败或犯错误时会不自觉地被情绪所左右,其目的是为了逃脱责任。我们常常碰到这样的交通事故,肇事司机总是先跳出来指责无辜一方。随着大喊大叫,肇事司机在情绪上越来越激动,最终他可能使自己和路人都相信他没有错。他也许是无意识地利用了自己的情绪来逃脱指责,回避负罪感。

再比如,我们可能故意利用情绪给他人施压。如果饭店接待员告诉你预订的房间没了,饭店已没有空房,你可能会当场发作,用拳头砸柜台,要求见经理。你认为这样做会奏效——也许确实会,因为没有哪家饭店愿意在自己的大堂里看到一位歇斯底里的客人。但是,如果你用同样的方法去对待一位你希望进行长期合作的伙伴时,情况就不妙了。从长远来看,用情绪压制别人只会制造麻烦而不会解决问题。

我们可以采用一些常用技巧来赢得时间,尽管我们不可能也不应该排除迅速产生的强烈感情,但我们能够控制这些情绪对自己的行为造成影响。在与人打交道时,只有等波动的情绪平静下来,自己能有所控制时,我们才能做出有利于大家的理性决策。

下面是一些具体技巧:

(1)稍稍休息一下

要减轻情绪波动所造成的负面影响,最简单的办法就是暂停接触,稍事休息。当双方都怒气冲冲或不满情绪高涨时,适当地休息一下能防止双方关系全面恶化。双方都能利用这个机会平静一下,想一想继续交往下去可能会带来的好处,并且琢磨出一个既能处理眼前问题,又不至于激怒对方的办法。借这个休息机会,我们还可以在手边的一些琐事上进行合作,比如一块儿修咖啡机,打开窗户换换新鲜空气,从而改变一下气氛。

在一场激烈的讨论中,把自己置身局外并冷静地思考很难。如果可能的话,不妨要求第三方来控制讨论的气氛,适当时候建议双方休息一下。有些家庭里会有一位家长来扮演这样的角色。

(2)从一数到十

我们都希望考虑周全了再行动。有时候,情绪上来得很快,还没等我们意识到就已然受其控制,不假思索地干出冒失事儿来。这种贸然举动又会激化对方的情绪,由此形成恶性循环,导致双方无法进行建设性的沟通。碰到这种情况,不妨从一数到十,强迫自己想想究竟是什么原因促使对方说出那样的话,然后想办法使谈话更富成效。每次回应对方之前,都有必要问一问自己:"此刻我的目标是什么?"

(3)咨询请教

单独行动时,受感性而非理性因素支配的可能性会增大。总的来说,在涉及有关双方问题时,最好先同对方沟通一下。如果当时情绪剑拔弩张,或另有原因导致双方不能沟通,可以找一位朋友或同事咨询一下。我的意见可行吗? 不利的方面是什么? 是否另有妙计?

3.勇于承担责任并及时道歉

我们有情绪时,通常把责任推给对方:"我发这么大的火,还不是因为你如此不讲道理。"

在某种程度上,情况也确实如此。但我们通常会倾向于认为对方情绪化、不讲理,其实对方也这么看我们。我们一般都会认为自己更讲道理,脾气比较温和。我们也往往能理解、同情自己的观点和行为,并且有理由解释自己的情绪。对我们来说, 自己的情绪和行为都是情有可原的。因此,如果不理解别人的想法,我们往往会认为他们的行为和感情是不理性的,而怎么能和不讲理的人打交道呢?

我们也会认识不到在某种程度上,对方的情绪与我们有关。我们常把情绪归结为性格所致:"别理他,他就是个火药罐子。"言下之意,我们只能袖手旁观,等他冷静下来方可改善双方的关系。

如果认识不到我们可能在一定程度上造成了对方的过激反应,我们的所作所为可能会使情况变得更糟。有这样一个例子:一位房客向房东写了三封信抱怨屋顶漏雨,但都石沉大海,因此她决定亲自去见房东。因为怒气冲冲而去,难免一开始就大喊大叫。房东索性不理她,说如果她不冷静下来,他们之间就没什么可谈的。这使房客更加生气,因为她发火本来就是因为房东对她不理不睬。假如房东说:"我理解你为什么这么生气,很抱歉没有及时处理这件事。请坐,告诉我到底是怎么一回事。"房客可能会变得心平气和一些。

我们应当对自己的感情和感情的表达方式负责,以及对别人的情绪造成的影响负责。因为只有这样,我们才能更好地化解情绪的冲动,理性地面对问题。如果我们情绪失控或激怒了对方,来一声道歉是很有帮助的。道歉表示对自己的行为负责,不管话说得是否充分,都表明给对方以关切,如此一来,对方也会采取同样负责的态度,这就能将双方关系拉回正轨。

我们常常将道歉看成是理亏,觉得自己没做亏心事,就不愿意道歉。其实不管是有意还是无心,如果我们的行为产生了严重后果,表示一下歉意也无妨。不要为自己开脱,应当请求对方宽恕。不要说"我很忙",而应当解释一下:"恐怕我的心思不在这里,对不起。"同样,不要说"不是我的错",应当说:"我理解你发火的原因,这件事我也有部分责任,我很抱歉。"

我们都有强烈的感情,不应当加以掩饰。我们应该勇于面对自己的情绪,并对自己的情绪负责。否则,这些情绪会像火山一样,总有一天会爆发,到那时,将对人际关系造成严重的危害。

在情绪上来之前有所准备。情感因素破坏理智思考的部分原因是我们事先没有预料到,思想上没有准备,我们往往被弄得措手不及。有的律师认识到这个问题,所以在受理离婚诉讼之前会花时间同当事人一起讨论可能发生的情况,并预测他的感受。如果律师预见到某个问题会使当事人发火或不安,他可能会建议当事人应该如何来回应或索性不予理睬这个问题。这种事前准备不仅能使当事人学会如何面对情绪激动,也会使情绪本身平稳下来。当事人有备而来,在法庭上就不会惊慌失措、手忙脚乱。

延伸阅读：

斯特洛姆利用斯坦福的资源创造了自己的传奇

俗话说出名要趁早，发财也一样，所以比尔·盖茨、乔布斯和扎克伯格才迫不及待地不等毕业就下海办企业，一时间似乎辍学和成就辉煌高度相关。然而Instagram的凯文·斯特洛姆却不信邪，他拒绝了扎克伯格的邀请坚持读完大学，并利用斯坦福的资源创造了自己的传奇。

2006年春天的一天，凯文·斯特洛姆正在帕洛·阿尔托的一家del Doge咖啡馆里忙着泡咖啡，这时扎克伯格一脸困惑地凑了过来。去年夏天扎克伯格曾在大学路上的Zao Noodle Bar餐厅请斯特洛姆吃饭，希望他从斯坦福大学辍学，帮助刚刚起步的Facebook开发一套图片服务系统，可斯特洛姆拒绝了。如今Facebook已经声名大振，现在的资产规模达到5亿美元，其市值马上要超过500亿美元，而斯特洛姆却还在做卡布奇诺。

在旧金山苏玛区的Sightglass咖啡馆里，斯特洛姆告诉记者："那时我不想去Facebook，我就是喜欢在咖啡馆工作。"由于选择留在斯坦福继续学习，他放弃了Facebook给予他的期权，而这些期权现在价值数千万美元。斯特洛姆耸耸肩说道："我觉得在创业企业工作然后挣到很多钱没什么了不起，所以我要完成学业，这对我而言更加重要，现在回想起来这笔交易确实不错，但是最有意思的是我拒绝的方式。"

斯特洛姆恰恰就是通过Facebook来拒绝Facebook的邀请，放弃了8位数的收入，他选择继续在斯坦福大学读书，并通过自己的方式开发出了炙手可热的社交照片应用程序Instagram。尽管这家初创企业还没有带来一分钱的收入，也没有任何的收入模式，但是今年四月扎克伯克还是出价10亿美元购买Instagram。由于斯特洛姆拥有Instagram40%的股份，这也意味着他的资产达到了4亿美元。现在Instagram刚刚成立22个月，仅有14名员工。

除了用户对其产品的热情，斯特洛姆还拥有一个移动平台，这个平台有8500万用户，他们分享了40亿张图片，而且每秒钟还有8名新用户加入，而这些都是Facebook迫切需要的，尤其是在一次混乱的IPO之后。

马特·科勒曾是Facebook的副总裁，现在他是Instagram投资人基准资本公司的合伙人，他说："这是我看到的第一款完全为移动终端设计的应用程序。在任何情况下，创造出这样的产品，拥有这么多的用户，维护运行如此规模的基础设备都是十分了不起的事，而这么小一个团队能完成这一壮举更是科技史上的奇迹。"

各大互联网巨头都在尝试开发自己产品的移动应用程序，但都力不从心，而Instagram不同，它先天就是为移动终端而生的：快捷、时尚、典雅。只需用指头触动几下，你就可以完成抓拍、编辑以及分享图片的全部过程。再触动几下，你还可以完成Facebook所拥有的全部功能：评论与喜好。Facebook前CTO亚当·德安杰洛说："Facebook是各种功能拼凑起来的大杂烩，但事实证明人们喜欢图片胜过其他任何内容，所以你主攻图片，并把这个功能做到完美，肯定比大杂烩要强得多。"

斯特洛姆的成功再一次证明：在数字经济时代，一个好点子就能在几个月内造就一家数十亿美元的大公司。也许外人认为是撞大运，但其实这绝不是意外。就斯特洛姆而言，他的好运气和斯坦福大学是分不开的。

通过帕洛·阿尔托分校，斯特洛姆第一次见识了科技世界和风险投资，在初创企业获得了第一个实习的机会，并在谷歌得到了人生第一份工作；通过斯坦福的一个海外学习项目，他第一次发现了自己对复古图片的热情；在斯坦福大学的一次联谊会上他认识了扎克伯格和他的团队；也是通过斯坦福的关系，他为创立新公司（后来演变成Instagram）找到了联合创始人。斯特洛姆说："人们总说大学时光一文不值，可我不这么认为，那些看似没有用处的经历或者课程总会在以后某个时间对你大有裨益。"

在上大学以前，斯特洛姆就非常喜欢科技。12岁的时候他就编了一个程序戏耍自己的朋友，通过这个程序可以控制他人的鼠标，并把他们踢下线。进入斯坦福大学后的第一年他就选修了高级编程课，然而斯特洛姆发现，尽管自己每周要花费40小时学习这门课程，但是最后的成绩却是B，他说："我很喜欢这门课，但是我开始考虑也许我并不能成为一个计算机科学家。"因此他改学管理科学和工程学，斯特洛姆说："这些课程教会我如何成为一个投资银行家。"

由于对创业有浓厚的兴趣，斯特洛姆利用业余时间建立了一些网站，包括斯坦福版的Craigslist和Photobox，他的兄弟Sigma Nu会把最新聚会的照片贴在这个网站上。

大三的时候，斯特洛姆来到意大利佛罗伦萨学习摄影。他带了一台高档的单反相机，可他的摄影老师却坚持让他使用Holga相机。通过柔光处理和光线扭曲，这种廉价的塑料相机可以拍摄出奇妙的影像。斯特洛姆说："在这里我了解了复古摄影并学会欣赏残缺美。"就像乔布斯一样，由于艺术灵感和技术完美的融合，使得Instagram把竞争对手远远抛在脑后。

在佛罗伦萨期间，斯特洛姆还申请了斯坦福的Mayfield Fellows项目。在这个半工半读的项目里，12名学生被送进初创企业，他们同企业家以及风险投资人共同工作。斯特洛姆说："在这里我学会了如何筹集资金，如何处理交易，如何提出新思想以及如何雇佣员工。"这个项目的主管蒂娜-齐莉格认为斯特洛姆很有企业家气质，她说："他总是在不停地创造和实验，用发现的眼光看世界是他的天性。"

通过Mayfield项目，斯特洛姆在奥德奥公司获得了一个实习的机会。奥德奥公司的创始人是埃文·威廉姆斯，他后来创办了Twitter。在奥德奥，斯特洛姆第一次接触到了活力四射的创业企业，在这里他了解到迅速而又灵活的思想对企业生存的重要性。在实习期间，斯特洛姆和意气相投的杰克·多尔西共同开发应用程序，而多尔西后来创办了Twitter和支付公司Square。现在多尔西是一个亿万富翁，他帮助Instagram起步，并在其粉丝众多的Twitter账户上张贴滤镜处理的照片来替Instagram做宣传。

大四那年，在斯坦福就业服务中心的帮助下，斯特洛姆在微软获得了一个项目经理的职务，年薪可达六位数字，但是他拒绝了。虽然年薪只有6万美元，但斯特洛姆毅然选择了谷歌市场推广的工作。谷歌是很多毕业生的梦想，因为那里有优厚的待遇，但是斯特洛姆却开始厌倦为Gmail和谷歌日历写市场推广文件的生活。申请产品开发部门的职务被拒绝后，斯特洛姆来到了谷歌的企业发展战略部门，在这里他替谷歌的收购对象估算现金流量。这段工作经历让他掌握了大科技企业进行并购交易的第一手资料。

因为迫切希望找到类似奥德奥公司那样的创业环境，斯特洛姆跳槽到了一家旅游社交网站。在那里他成为了一个顶级的程序设计员并开发了一套邮件系统，用户可以利用这个程序的指引来旅游，并在Facebook上创立旅游图片库。斯特洛姆说："突然间我掌握了学以致用的新技能，当你有想法的时候可以去实现它。"

很快他就明确了自己想要实现的想法：建立一个网站。通过借鉴Foursquare和Zynga的一些特点，这个网站将地理签到技术和社交网络功能同其对摄影的热情完美地融合在了一起。这个被他称之为Burbn的点子很快引起了风险投资公司BaselineVentures的斯蒂夫·安德森的注意。2010年冬天安德森为斯特洛姆提供了25万美元的启动经费让他创业，唯一的条件就是必须找一个合伙人。

即便毕业以后，斯坦福为斯特洛姆带来的好处仍在持续。他在自己旧金山的公寓里创立了Burbn，并且在咖啡厅里设计程序原型，因为在那可以看到很多人。不久他认识了迈克·克里格，他是一位巴西籍的斯坦福学生，比斯特洛姆晚两年从Mayfield项目毕业，那时他也在设计自己的应用程序。克里格的专业是符号系统，这是一个集技术与心理学于一体的交叉学科，LinkedIn的里德·霍夫曼和雅虎的玛丽莎·梅尔都毕业于这个专业。此时的克里格正在聊天软件公司Meebo工作，一次斯特洛姆让克里格下载了他新设计的地理签到应用程序，后来克里格说："我并不喜欢基于位置设计的应用程序，但是Burbn是个例外。"

一个月后，斯特洛姆邀请克里格共进早餐并试图说服他辞掉Meebo的工作并成为Burbn的联合创始人。克里格说："我们还要再深入地谈谈。"此后这二人开始模拟合作，在工作之余以及周末的时间共同开发程序。几周后，斯特洛姆证明了他的想法比扎克伯格当年提出的还有吸引力，克里格辞掉了Meebo的工作，开始同斯特洛姆合作。

可是克里格第一天上班，斯特洛姆就告诉他Burbn没有前途，因为Foursquare太强势。他们必须开发新产品并决定把Burbn改造成一个只提供图服务、专注移动终端的产品。斯特洛姆说："iPhone非常新颖，人们正利用它创造各种新鲜刺激的东西，并改变着人们的行为。这为一种新的服务方式提供了机会，社交网络可以不基于电脑而是基于移动终端。"

两周后，他们把公司搬到了帕奇实验室，在那里他们草草设计了一个名为Codename的图片应用程序。克里格设计苹果的iOS软件而斯特洛姆负责编写后台代码，产品原型就是一个简单的附带社交及评论功能的iPhone照相机应用程序。两人对这个产品都不满意，由于过度焦虑，斯特洛姆不得不休假。

他在墨西哥下加利福尼亚的艺术区租了一间便宜的房子，在那里度过为期一周的假期。一次在海滩漫步的时候，他的女朋友尼克尔·舒兹问他，怎样才能像她的一个朋友那样在app上贴漂亮的图片，他的答案是滤镜。突然斯特洛姆想起了自己在佛罗伦萨使用廉价照相机的经历，接下来的几天，他一直躺在吊床上，旁边放着一瓶冰镇的莫德罗啤酒，他不停地敲打着键盘，并设计出了第一个Instagram滤镜系统——X-ProII。

回到旧金山，新的滤镜系统很快开发出来，他们把新产品命名为Instagram，并把这款产品给他们的朋友试用，其中包括很多在科技界有影响的人物。Twitter的多西贴了很多滤镜照片，Instagram开始引起了轰动。

Instagram使得用手机拍摄的低质量照片有了时尚复古的感觉。只需轻轻一按，普通的日落照片就变成了迷人的热带风景照，一辆旧自行车也能有怀旧的感觉，而一个吃了一半的汉堡包也能变得凄凉美丽。斯特洛姆说："想想在Twitter和Tumblr上有一个有趣而又智能的功能，以前大部分图片应用程序都对用户提出各种要求，比如相片的质量、艺术性或者动作仪态，而Instagram帮你照料这一切。"

2010年10月6日午夜，Instagram在苹果商场上线。用户蜂拥而至，而斯特洛姆和克里格不得不一直守在实验室维护服务器的稳定。早上6点钟，BitsBlog和TechCrunch重点介绍了这款新上线的应用程序。服务器一度陷入瘫痪，为了保证程序正常运转，斯特洛姆和克里格24小时坚守岗位。这段时间有25000位iPhone用户下载了这款免费的软件。

斯特洛姆说："从那天起我们的生活就发生了翻天覆地的变化。"他们拜访了Quora的亚当·德安杰洛（他们是在斯坦福的一次酒会上认识的），并通过他的帮助把Instagram服务器搬到了亚马逊，扩大了服务平台的能力。一个月后Instagram就有了100万用户。很快斯特洛姆发现自己坐到了苹果新品发布会的第四排，而乔布斯也重点推荐了他的产品。他们的事业已经上了一个更高的台阶，此时最大的挑战就是在用户不断增加的情况下，如何保证服务器的稳定。

在一个名为Tradition的鸡尾酒吧里，斯特洛姆、克里格以及Instagram的两个早期员工乔什·里德尔以及谢恩·司维尼坐在一起。你很难想象这几个二十多岁的穿着蓝色牛仔裤、有领扣套头衫的小伙子管理着数十亿美元规模的科技公司。当克里格发现自己贴的一张照片一直没有评论时(他有17.7万粉丝,通常他的帖子很快就有回复),饭桌上立刻出现了苹果笔记本、VerizonHotspot以及数台iPhone手机。

克里格调整着程序并通过Facebook和Instagram的工程师联系,很快他们发现并解决了问题,然后又开始大快朵颐。斯特洛姆说:"它就像我们的孩子,我们从早到晚都要照顾它。"不管是生日聚会、约会还是参加婚礼,公司规定工程师必须随时携带笔记本电脑。一次克里格去一个农家乐餐厅吃饭时,系统突然出了故障,他匆忙拿着电脑到处找无线网络,最后终于在鸡棚里找到了信号。

一旦Facebook收购成功,他们就再也不用和服务器较劲了,因为14人的Instagram团队从此可以利用扎克伯格的网络设备。这次并购是在四月一个疯狂的星期里发生的,当时他刚从英国度假回来。那个周三他们从包括Greylock、Sequoia和Thrive Capital等风投公司那里获得了5000万美元的B轮融资,这些公司给Instagram估价5亿美元。星期六扎克伯格邀请斯特洛姆去家里做客,这一次他接受了扎克伯格的邀请。星期一一笔10亿美元的交易达成了,其中包括3亿美元的现金支付。

Facebook购买一分钱都没挣的Instagram引起了人们的争议,有人说这是又一场泡沫,而内部人士则认为这是物超所值。德安杰洛说:"Instagram的价值远远超过10亿美元,我认为Facebook捡了一个大便宜。Facebook非常担心别人收购了Instagram,或者它干脆自己变成一家社交网站。"事实上大家已经习惯用一样东西分享图片,你不能迫使人们改变。现在这个网络已经建成了,做什么都已经太迟了。

通常一家企业被全部收购就意味着原来的创始人要打包走人,但是斯特洛姆和克里格是个例外。和其他的并购案不同,扎克伯格公开宣布由斯特洛姆继续独立管理Instagram,斯特洛姆和克里克可以利用Facebook的资源将Instagram变得更强大。他们的目标是:将Instagram从一个分享宠物和美食的图片应用程序转变成一个通过照片来传播信息的媒体公司。

斯特洛姆说："今后每人都会有一部手机，想象一下世界上发生的一切将通过图像或其他媒介传到人们的手机上。"随着Instagram不断完善，它将成为人们认识世界的窗口，实时传递全球最新资讯的画面，比如叙利亚街头抗议以及超级碗的比赛现场。Thrive Capital的乔休尔·库什纳说："也许几年后，你就会通过Instagram来了解世界上正在发生的一切。"

四个月前Instagram的安卓版正式上线，尽管它在不断改变着世界，但斯特洛姆承认他们也面临着挑战，比如开发新用户越来越困难，通过这款软件了解身边发生的事情或者交换评论内容仍存在技术障碍。他也提出了建立网络版Instagram的设想，因为这款软件若想变成世界的眼睛，它的用户规模至少要达到数十亿。

至于创收，不管Facebook是否让它独立运行，Instagram早晚要带来收益。但是斯特洛姆对此并不担心，他说："我认为视觉冲击非常吸引广告商，如果你看Burberry和Banana Republic在Instagram上的帖子，那完全就是广告，但是这些图片真的很美。不过现在我们更关注企业的成长，并不急着从广告商那里要钱。"

如今斯特洛姆还住在自己的单身公寓里，过着简单的生活。他说："我认为不过分看重钱财是明智的，因为长远来看追求财富会让你变得疯狂。"